때때로
괜찮지 않았지만,

그래도
괜찮았어

■ 일러두기

외국 지명은 외래어표기법을 따르되 관용적인 표기와 달라 혼동의
우려가 있는 경우 괄호 안에 관용적 표기를 병기하였다.

예) 시엠레아프(시엠립)

여행자MAY의 퇴사 후 세계일주

때때로
괜찮지 않았지만,

그래도
괜찮았어

글·사진 여행자MAY

덤스트
컴퍼니

Prologue

산 책 길 에 나 서 다

지구를 정복하겠다거나
세상의 모든 약한 이들을 감싸 안겠다거나
길 위에서 인생을 깨우치겠다거나 하는
거창한 목적은 없었다.
그저 소소하게
지구 한 바퀴 산책에 나섰을 뿐이다.
단지 작은 바람 하나,
오늘 맞이하는 아침이 조금 더 행복하길.
단지 그뿐.

여행을 떠나면 대단한 자아를 발견할 수 있을 거라
믿어 의심치 않는 그대에게,
여행의 모든 하루하루가 행복하기만 할 거라 꿈꾸는
그대에게, 나는 말하고 싶다.

"그런 여행은 없어요."

떠나기 전에는, 일상에서 벗어나면 무조건 행복할 줄로만 알았다. 하지만 내가 만난 여행은 새로운 곳에서 또 다른 일상을 살아내는 일이었다. 물론 새로운 곳에서 맞이하는 그것은 대체로 더 찬란하게 빛나며, 스스로 반짝반짝 빛나는 사람이라는 환각을 자아낸다. 하지만 그 환각의 유효기간은 그리 길지 않다. 유효기간이 끝나고, 환상 같은 한 꺼풀이 벗겨지고 나면 그때부터는 일상이다. 일상 속에서 365일 행복하기만 한 이는 없지 않은가. 나의 일상을 지치게 만들던 그것들, 누군가와 함께 있어도 외로운 하루라든가 한걸음 내딛는 게 나만 유독 힘이 드는 것 같아 억울해지는 하루 따위는, 조금 변형된 형태이긴 했지만 여행길 위에서도 여전히 존재했다. 그게 바로 내가 만난 여행이다.

그럼에도 내가 계속해서 배낭을 둘러멘 이유는 간단했다. 그 새로운 일상 속에서 무심코 발견하는, 아주 작은 선물들 때문이었다. 그 선물들은 내가 헤매던 우주 속의 티끌만 한 별일 뿐이었지만, 무엇과도 바꿀 수 없을 만큼 반짝반짝 빛이 나서 온 우주를 환하게 밝혀주곤 했다.

낯선 바람, 정체 모를 꽃향기, 단 하루 나를 웃고 울게 하던 인연…….

일상 속 나만의 행복을 찾고, 누리는 삶을 소확행이라 하던가. 그렇다면 내 여행 역시 소확행에 가까웠다고 말할 수 있겠다. 내 우주를 밝히는, 사실 그리 대단할 것 없는 별들은 보통 예고 없이 우연처럼 찾아오곤 했는데, 중요한 것은 그것을 스쳐 보내지 않고 온몸 가득 담아내는 내 눈과 마음이었다. 나는 깨달았다. 결국 일상을 살아내는 나에게 필요한 것은 지구 반대편 어딘가가 아닌, 그저 그 행복을 알아차릴 수 있는 눈과 마음이었다는 사실을.

이 책은 아시아, 유럽, 아프리카, 중미, 남미…… 300일간의 긴 산책길 위에서 만난 수많은 별들의 이야기, 말하기엔 사소해 마음속에 꼭꼭 눌러 담았던 소소한 세계일주 이야기다. 이 길 위에서 내가 만난 수많은 마음들이 부디 오늘에 지친 당신께 작은 위로가 되기를, 그래서 내일 당신의 아침도 한 뼘만큼 더 행복해지기를, 진심으로 바란다.

여행자MAY, 김미희

Contents

02 때때로 괜찮지 않았지만, 그래도 괜찮았어

03 돌아가도, 별은 계속 빛날 거야

04 한순간도 여행자가 아닌 날은 없었다

01

저,
지각하겠습니다

딱 일 년만
내 마음에만 충실해 보는 거야.
아주 이기적으로 말이야.
그래, 딱 일 년만.

나는 그렇게 내가 살던 세상을 향해
당당히 지각을 선포했다.

"저, 지각하겠습니다."

#01
퇴사 후 맑음

"지금 네 나이는 앞만 보며 달릴 때란다."

처음 퇴사 의사를 밝히던 날, '무리하지 않는 삶'을 바란다고 했더니 나의 상사는 '무리하는 삶'이 맞다 한다. 모두가 무리하는 세상 속에서 무리하지 않는 길로 첫발을 내딛는 일은 생각보다 더 두려웠다.

나는 그 두려움을 떨쳐내기 위해, 현실을 버티기 위해 내가 해온 수많은 무리함을 떠올렸다. 갑자기 잡힌 주말 회의에 약속을 취소하며 무리해 달려가고, 폭언을 일삼는 상사에게 무리해 밝은 미소로 인사를 건네고, 친절한 상사가 되려고 무리해 후배의 잔업을 감싸 안았다.

참, 끝날 줄 모르는 야근에 무리해서 커피를 넉 잔이나 마신 적도 부지기수다. 심장에 무리를 가했던 결과는 피로를 비웃는 불면.

하…… 시계 소리는 왜 이리도 큰지.

째깍, 째깍, 째깍.

어쩌면 내가 바란 것은 '내 마음에 무리하지 않은 삶'이었는지 모른다. 하지만 취업이라는 단어가 내 삶에 비집고 들어온 스물셋 무렵부터 온통 '무리하는 삶'이 너무도 당연한 일상이 되어버렸다. 현실에서 무리하지 않는 방법을 몰랐던 나는 연습이 필요했다. 마음이 이끄는 여행지에서 몇 주고 머물다, 더 마음에 드는 곳이 생기면 미련 없이 작별할 수 있는, 그리고 떠나는 날 눈물이 차오르면 구태여 그것을 숨기지 않는, 마음이 시키는 대로 떠도는 '여행자'처럼 말이다.

그래, 나는 그 단어가 몹시 간절했다. 여행자라는 이름을 갖게 되면 모든 것이 괜찮아질 것만 같았다. 남들보다 조금 늦어도, 예쁜 옷을 입지 않아도 말이다.

그날 상사는 연봉 인상을 약속했고, 나는 통장에 찍혀 있는 잔고를 확인했다.

선택하는 데에는 그리 오래 걸리지 않았다. 나는 통장 잔고를 탈탈 털어 그것으로 '내 마음에 무리하지 않은 일 년'을 사기로 결심했다.

그리고 처음으로 직접 내 명함을 제작했다. 내친김에 이름도 새로 지었다. 나는 새로 지은 내 이름을 명함 한가운데에 굵고 크게 새겨 넣었다.

'여행자MAY.'

그날 내가 처음 느낀 날씨는,

퇴사 후 맑음.

"오늘의 날씨는 맑고, 화창할 예정입니다.
이러다가 언제 또 비가 쏟아질지 모르지만,
그래도 지금은 이 화창함을 마음껏 즐기시길 바랍니다."

01 저, 지각하겠습니다

#02
이륙

어느 순간부터 야경이 슬퍼지는 건, 어른이 되어간다는 의미라고 한다. 화려하고 선명한 빛, 그 아래에서 일어나는 수많은 일들이 결코 축제의 밤처럼 아름답지만은 않다는 사실을 깨달아버린 나이. 늦은 시간일수록 더 밝게 빛나는 불빛아래, 지금 이 순간에도 누군가의 어깨를 짓누르고 누군가의 눈물을 종용하며 미소를 훔쳐가는 밤의 아이러니.

그런데 이상하다. 때론 가혹하고 때론 잔인하게 느껴지던 저 불빛들에 오늘은 왜 이토록 설레는 건지…….

"승객 여러분께서는 안전벨트를 매셨는지 다시 한 번 확인하시길 바랍니다. 저희 비행기는 잠시 후…….”

    승무원의 기분 좋은 음성을 들으며, 그리고 몸이 떠오르는 것을 느끼며 가만히 내려다본 그날 밤의 서울은 몹시도 아름다워 탄성이 절로 나왔다. 이 불빛은 더 이상 내게 눈물과 땀의 반짝임이 아닌 저녁 식사를 마친 어느 가족이 도란도란 이야기꽃을 피우는 시간, 세계 곳곳에서 온 여행자들이 둘러앉아 맥주병을 부딪치는 시간, 커피가 식어가는 줄도 모르고 서로의 얼굴을 바라보느라 정신없는 어느 풋풋한 연인의 시간이 되겠지. 적어도 이 산책길이 끝날 때까지는 말이다.

    심장이 미친 듯이 뛰기 시작한다.

    아, 내 여행이 지금 막 시작되었구나!

#03
하노이,
지각생의 아침

#나 홀로 탈출

밤 비행기에 오른 탓에 새벽이 되어서야 베트남에 도착했다. 새벽에 숙소를 찾아 돌아다닐 용기는 없었기에, 내가 택한 건 첫 공항 노숙. 눕기 편한 자리를 살핀 후 가방에 자물쇠를 채우는데, 어쩐지 익숙한 느낌이다. 처음부터 여행자였던 것처럼 이 모든 상황이 너무도 편안하고 익숙하다. 마치 오래전 꿈속에서 그랬던 것처럼. 설레는 마음에 빨리 아침이 오기를 기다리며 공항 로비 의자 위에 잠시 몸을 누인다. 하지만 여기서 잠이 올지 모르겠다, 잠이…….

……! 놀랍게도 눈을 감았다 뜨니 아침이었다. 침낭 속을

비집고 들어온 햇살이 느껴지는 순간, 주변의 조용한 소음이 들리기 시작했다. 무언가 바쁘게 움직이고 있는 듯한 소리 없는 소음. 시계를 보니 벌써 아침 열 시다. 세상에! 여행 첫날부터 늦잠이라니! 집에서도 이렇게 숙면을 취한 적이 드물었는데, 떨려서 잠도 안 와야 마땅한 첫날, 첫 노숙부터 꿈 한번 안 꾸고 여덟 시간을 푹 잤다. 분명한 지각이었다. 꿈에 그리던 첫 출근 날 지각을 한 것만 같은 죄책감이 밀려왔다. 나는 정신없이 가방을 챙겼다. 그러다 멈칫.

참, 나 이제 여행자였지?

내가 살던 치열한 세계를 향해 당당히 지각을 선포했다는 사실이 새삼 실감 났다. 나는 가방을 챙기던 손을 잠시 내리고, 나를 에워싼 정신없는 발걸음을 가만히 바라보았다. 내가 탈출한 세계를 제3자가 되어 바라보는 것은 꽤나 짜릿한 일이다. 나는 그곳에서 일어나 여전히 반복되고 있는 그 세계 속을 아주 천천히, 유유히 걸었다.

"야호! 탈출이다!!!"

시내로 이동하기 위해 전날 알아둔 공항버스에 올라탔다. 낯선 이들로 가득한 낯선 버스에 오르니 이내 심장이 콩닥거리기 시작했다. 첫날부터 노숙을 한 탓에 몰골은 누가 봐도 족히 백 일은 넘게 유랑한 베테랑 여행자, 딱 그 모습이었다.

그렇게 한 이십 분이나 지났을까? 내릴 곳은 아직 꽤 남은 듯했지만, 그래도 확인하고 싶은 마음에 옆자리 남자에게 내 숙소 이름을 보여주며 물었다. "언제 내리면 될까요?" 그러자 그가 다급한 눈빛으로 말했다.

"Right Now!"

응? 지금이라고? 그가 눈으로 재촉하며 고개를 끄덕였다. 그의 다급한 표정에, 나는 두 번 생각할 새도 없이 배낭을 급히 둘러메고 버스에서 내렸다. 그리고 잠시 정적. 버스가 떠나간 후, 내가 엉뚱한 곳에 내렸다는 사실을 알게 되기까지는 그리 오랜 시간이 걸리지 않았다. 안타깝게도 당시 나는 휴대폰 로밍이나 유심USIM을 준비하지 못했고, 오프라인 지도를 다운받아 두지도, 숙소 주소나 위치를 저장해 두지도 않았다. 그냥 막연하게 숙소 이름만 알면 어떻게든 찾아갈 수 있을 줄 알았나 보다. 젠장! 뭐가 문제인지 GPS도 잡히지 않는다.

그렇게 멍하니 서 있자, 타깃으로 보였는지 호객꾼들이 몰려들기 시작한다. 낯선 억양의 영어와 알아듣지 못할 말들이 순식간에 나를 에워쌌다. 방법이 없었다. 우선 호객꾼들 사이에서 벗어나기 위해, 어느 방향으로 가야 하는지도 전혀 모르면서 무작정 걷기 시작했다. 그렇게 한참 만에 호객꾼을 따돌린 후, 숙소 이름만으로 현지인들에게 길 묻기를 시도했으나 손까지 내저으며 모른다는 반응만 수차례. 막막했다.

머리카락이 척척 들러붙는 무더위와 어깨를 짓누르는 익숙하지 않은 배낭의 무게 탓에 나는 금세 땀범벅이 되었다. 무작정 여행자로 보이는 이를 붙잡고 검색을 부탁했다. 금발의 청년이 휴대폰을 몇 번 두드리더니 길을 설명해 주었다. 그는 미안해질 정도로 몹시 친절했다. 다만 그 길이 맞지 않았을 뿐. 너무 친절히 설명해 줘서 원망할 수조차 없었다. 오른쪽으로 한참 가라고 해서 땀을 뻘뻘 흘리며 약 이십 분을 걸어가 다른 이에게 물어보니, 처음 있던 곳에서 오른쪽이 아닌 왼쪽으로 한참 갔어야 한단다. 곧바로 삼십 분을 반대편으로 걸어가 또 다른 이에게 물어보니 이번에는 새로운 방향으로 가란다. 첫날부터 위기에 봉착했다.

그렇게 두 시간을 헤매던 나는 배낭을 바닥에 던져둔 채, 그만 자포자기해 버렸다. 첫날부터 이 모양이라니! 나, 괜한 고생길을 시작한 걸까? 여행을 시작한 지 채 하루도 지나지 않아 후회 비슷한 감정이 스멀스멀 올라오기 시작했다. 그때였다.

"한국인이세요?"

그녀의 이름은 민이라고 했다. 삼 개월째 여행 중이라는 그녀는 내 이야기를 듣더니, 숙소까지 데려다주겠다며 앞장섰다. 그녀는 가는 내내 이곳에서는 무엇을 조심해야 하는지, 어디를 가면 좋은지 등에 대해 쉴 새 없이 조언했다. 마치 어린아이를 대하듯 말이다. 결국 그녀의 도움으로 십오 분 만에 예약해 둔 숙소에 도착할 수 있었다. 그녀는 혹시 숙소가 마음에 안 들면 옮기라며, 새로운 곳 몇 군데를 추천해 주고는 어떤 기약도 없이 쿨하게 돌아섰다. 그녀의 뒷모습은 여행자라는 호칭이 굉장히 잘 어울렸는데, 나는 몇 개월 후 나 역시 저런 여행자의 모습이었으면 좋겠다고 생각하며 숙소로 들어갔다. 안심이다.

그런데 역경은 여기서 그치지 않았다. 호스텔에 내 이름으로 된 예약이 없다는 것이다. 분명히 예약을 했는데 말이다. 알고 보니 오류가 있어 이메일로 바우처도 오지 않고, 예약 완료도 되지 않았는데 내가 아무 확인도 하지 않았던 것이다. 그야말로 어리숙한 실수의 연속이었다. 나는 남는 방이 없다는 말에 어쩔 수 없이 문을 나섰다. 온몸의 힘이 빠져나갔다.

'아니, 내가 여기를 어떻게 찾아왔는데……!'

망연자실하던 순간, 불현듯 민이 알려주고 간 숙소가 떠오른다. 마지막 그녀의 말이 신의 한 수였다. 나는 그녀가 추천해 준 호스텔을 찾아갔고, 16인실 방의 맨 구석 자리 침대를 얻을 수 있었다. 나는 땀에 젖은 옷을 갈아입지도 못한 채 좁은 침대 위에 그대로 누워버렸다. 내가 생각한 여행의 첫날은 이런 게 아닌데…… 이미 지칠 대로 지쳐버렸다.

'그래…… 바삐 갈 필요 없잖아. 일단 쉬자, 일단…….'

그러곤 그대로 잠이 들었다.

꿈속에서는 구릿빛 피부에 커다란 배낭을 둘러멘 여행자들이 앞서 걷고 있었다. 나는 가만히 그들을 바라보고 있었는데, 아마 부러움 비슷한 것을 느끼고 있었던 듯하다. 순간 앞에 서 있던 몇몇이 뒤를 돌아봤다. 어디선가 본 듯한 익숙한 얼굴들(누군지는 잘 기억나지 않지만). 그들이 나를 발견하곤 몹시 반가운 표정을 지었다.

순간 눈을 떴다. 낯선 천장이 나를 반긴다. 창밖은 이미 어두컴컴해졌지만, 그래도 괜찮았다.

나, 진짜 여행자가 되었구나!

익숙한 길에서 나 홀로 이탈해,
당당히 지각을 선포한 오늘부터
나는 수없이 길을 잃고
또 눈물을 짓겠지만,
그래도 괜찮다.

혹시 너무 지치는 날이면
"너도 지각이냐."
웃으며 손 내밀어줄 이
한 명쯤은 있겠지.
그거면 충분하다.

#04
내가 여기 있어

내가 만난 하노이는 온통 뿌연 매연의 도시였다. 목은 따끔따끔, 코는 먼지를 가득 머금어 아무리 풀어도 금세 먼지가 들어찼다. 도로는 셀 수 없을 만큼 많은 오토바이로 빽빽했는데, 뿌연 먼지를 헤치고 길 한번 건너려면 마음의 준비를 단단히 해야 했다. 중국 교환학생 시절 무단 횡단에 익숙해질 대로 익숙해진 터라 "너희가 알아서 비켜가라~"며 용감하게 건너다니긴 했지만, 이렇게 '칠 테면 쳐봐라' 마인드가 아니고서는 쉽사리 길을 건너기 어려운 곳이다. 여기에 끊임없는 경적 소리는 덤. 실제로 세어보니 버스의 경우 삼 초에 한 번씩 계속해서 클랙슨을 누르는 듯했다. 매일 아침 울려대는 자동

알람 같은 느낌의 경적 소리에 눈살이 절로 찌푸려졌다.

'대체 뭐가 그리도 급한 거야? 베트남에 가면 '느림의 미학'을 느낄 수 있을 거라더니 이건 뭐, 한국이나 여기나⋯⋯!'

코코넛 커피를 한 잔 주문한 뒤 야외 테이블에 앉아 카오스 그 자체인 도로를 멍하니 바라보았다. 큰 도로가 아님에도 '빵빵- 빵빵-' 소리가 그치지 않아 짜증이 밀려왔다. 귀를 쏘는 듯한 경적 소리에 이어폰으로 귀를 막으려는 찰나, 문득 운전석에 앉은 이의 얼굴이 눈에 들어왔다. 그런데 뭔가 이상했다. 나는 손에 쥔 이어폰을 잠시 내려놓고, 주변 다른 이들의 표정도 살펴보기 시작했다. 기이하게도 빵빵거리는 운전자는 물론이요, 그 앞차에 앉아 있는 이들까지도 누구 하나 표정에 불쾌함이 없었던 것이다.

뒤늦게 알게 되었다.
     이곳의 경적 소리는 '빨리 가!'라는 신호가 아닌,
     '내가 여기 있어'라는 의미임을⋯⋯.

한국에서 만난 경적은 늘 재촉이었다. 나쁜 감정이 가득 담긴 '빵빵' 소리는 늘 나의 등을 떼미는 듯해, 어디선가 그 소리가 들려올 때면 괜히 몸이 움찔거리곤 했다. 하지만 수많은 차와 오토바이로 정신없는 이곳에서의 경적 소리는 단지 자신의 존재를 앞차에게 알려주려는 의미인 것이다. 그제야 잔뜩 찌푸려졌던 눈살이 스르르 녹아내렸다.

"내가 여기 있어."

문득 떠오르는 얼굴 하나가 있었다. 그는 때때로 이해할 수 없는 말과 행동으로 나를 힘들게 하곤 했는데, 나는 그가 왜 이리도 나를 괴롭히는지 도무지 이해할 수 없었다. 그 모습에 지쳐가던 나는 어느 순간부터 귀를 막아버리곤 했다. 어느 밤에는 참다못해 "제발 좀 그만해!"라고 소리치고는 전화기를 꺼버리고 말았다. 그런데 마침 오늘, 이런 생각이 차오르는 것이다. '혹시 나를 괴롭힌다고 여겼던 그의 행동들도 이 경적 같은 것은 아니었을까? 얼굴을 찌푸리며 귀를 막아버릴 것이 아니라 그의 존재를 조금 더 알아주었다면, 그래서 찬찬히 이야기를 들어주었다면, 지금 우리는 조금 달라졌을까?' 하는……

만일 방금 전에 이어폰으로 귀를 막아버렸다면, 나에게 베

트남도 시끄럽게 재촉하는 소리로 기억되었을 것이다. 앞으로의 여행길에 어떤 소리들을 만나게 될지 모르겠지만, 설령 조금 시끄러운 소리일지라도 쉽게 귀를 막아버리지는 말자고, 조금 더 귀 기울여보자고 다짐했다. 때마침 코코넛 커피가 나왔다. 방금 한 다짐 덕분인지, 아니면 커피 위에 한가득 구름처럼 얹힌 달달한 코코넛 셰이크 덕분인지는 알 수 없으나, 어쩐지 이번 여행은 사소함의 귀중함이 선물처럼 다가오는 시간이 될 것 같은 기분 좋은 예감이 들기 시작했다.

빵- "내가"

빵- "여기"

빵- "있다는 걸"

빵- "명심해!"

#05
그리워할 이가
있다는 것

하노이에서 사흘을 보낸 후, 버스로 세 시간 남짓 걸리는 할롱베이로 향했다. 할롱베이 하면 빼놓을 수 없는 것이 바로 호수 같은 바다 위에서 즐기는 크루즈 투어다. 하노이에서 미리 1박 2일 투어를 신청해 두었기에, 도착하자마자 예약된 크루즈에 탑승했다. 가장 저렴한 상품을 선택한지라 주변 크루즈에 비하면 작은 통통배 같은 느낌이었지만, 그런대로 하룻밤을 보내는 여행자에게는 제격이었다.

짐을 풀고 이 층 갑판으로 올라와 선 베드에 누웠다. 하늘 참, 예쁘다. 오늘하고 내일까지 이렇게 물 위를 떠다니며 콧 노래나 부르면 그만이라니! 들뜬 마음으로 배의 둥둥거림을 느끼며 잠시 눈을 감았다 뜬다. 그사이 앞쪽 선 베드에 한 커플이 자리를 잡았다. 엉덩이를 맞대고 나란히 누워 까르르까르르. 독일에서 왔다는 그 커플, 참 예뻤다. 마주치는 눈빛만 보아도 단순히 사귀는 사이가 아니라 사랑하는 사이임을 시력이 나쁜 나조차 한눈에 알아차릴 수 있었다.

다시 하늘.
누운 자리 위로 천천히 구름이 지난다.
할롱베이를 이루는 삼천여 개의 작은 섬들을 지나고, 또 지나고…….
나만 멈춰 있고 모든 것이 스쳐가는 듯한 지금, 문득 스쳐가지 않기를 바랐던 얼굴 하나가 유난히 또렷이 떠오른다.

나는 혼자 여행을 할 때면 종종 '억지 그리움'의 감성을 만들곤 한다. 이곳에서는 어쩐지 누군가를 그리워해야 할 것만 같은데 그 누군가가 선뜻 떠오르지 않을 때, 나는 이미 잊은 지 오래인 과거의 사랑, 혹은 그 과거의 과거에 품었던 사랑까지 억지로 떠올려 곱씹고 그리곤 했다. 그리움은 사람의 감정을 한껏 예민하게 만들어 여행의 모든 감흥을 좀 더 자극적으로 느끼게 한다. 혼자 떠난 첫 여행지였던 상하이에서 야경을 보며 잔잔한 노래를 듣다가, 딱 그리워할 얼굴 하나만 있으면 완벽할 것 같은데 도무지 떠오르는 얼굴이 없었다. 그러니 어쩌겠는가. 한참을 고민하다 억지로 상하이를 무대로 한 영화의 한 장면이라도 상상해 보는 거다.

아마 당신이 없었다면 오늘 역시 그러했겠지.

'그래, 오늘 당신을 그리워할 수 있어서 참 다행이야'라고 생각하며 눈을 감는다. 아마 오늘이 스쳐가고 나면, 이 또한 그리운 순간으로 기억되겠지.

사실 나는 알고 있다. 오늘의 그리움이 그저 감사한 이유는, 그 얼굴을 곁에 두었을 때 어떤 후회도 남겨놓지 않았기 때문임을. 그래서 나는 바란다. 오늘, 이 배 위에서의 아무 일도 일어나지 않을 것만 같은 하루가 훗날 어떤 후회도 묻어나지 않는, 그저 가볍게 미소 지을 수 있는 아름다운 그리움으로 남기를.

그리움이 슬픈 이유는 하지 못한 것에 대한 후회 때문이다. 또한 그것은 나의 오늘에게, 그리고 나의 사랑하는 이에게 조금 더 사랑을 외쳐야 하는 이유이기도 하다. 후회가 남지 않은 그리움은 결코 슬픈 일이 아니다. 그저 오늘을 조금 더 아름답게 만들어줄 참, 감사한 일일 뿐.

#06
마법의 주문

베트남에는 싸고 아기자기한 물건들이 참 많다. 대부분은 있으면 좋지만 없어도 그만인 물건들, 이를테면 천 가방, 동전 지갑, 작은 인형 같은 것들이다. 나 역시 그런 아기자기한 – 그러나 크게 쓸모는 없어 책상 위 전시품이 되었다가 어느 순간 서랍으로 사라질 – 것들을 보면 "어맛, 귀여워! 이건 사야 해!"를 외치던 부류다. 그런 '아가'들을 두고 발걸음을 옮기기란 참으로 어려운 일이다. 더욱이 가격까지 저렴하다면 구매 욕구를 한껏 부채질하게 마련이다.

그날도 길거리에 즐비한 노점에 진열된 천 파우치와 달랑이는 인형에 발이 묶여 가만히 들었다 놨다만 반복하고 있었다. 참고로 나는 넘치는 짐을 각양각색의 파우치에 충분히 챙겨 왔다. 인형은 뭐, 말할 필요도 없다. 사야 할 명분을 만들기 위해 '이것들이 없으면 안 될 이유'를 열심히 떠올려봤지만, 아무래도 마땅한 용도가 없다. 이때 모든 상황을 역전시킬 만능 질문이 날아온다.

"그렇지만 귀엽잖아?"

이 질문의 파급력은 엄청나다. 일 년 반의 회사 생활 동안 마우스 패드만 몇 번이나 갈아치웠는지 모른다. 심지어 손목 보호를 위한 기능성 패드도 아니었는데 말이다. 이게 다 "그렇지만 귀엽잖아?" 그 자식 때문이다. 하지만 다행스럽게도 이번 여행에서는 이 만능 질문에 맞먹는 대항마가 있다.

"하지만 나는 배낭여행자잖아……?"

이 질문이 고개를 내밀면 나는 생각에 빠지게 된다. 이것을 산다면 귀여움에 대한 소유욕을 충족시키는 대신 배낭 무게가 약 40그램 증가한다. 자, 과연 이것이 40그램의 가치가

있는가? 참고로 나는 여행 2주 차, 난생처음 13킬로그램의 배
낭을 어깨에 짊어지고 다니는 데 아직 적응하지 못한 상태다.
이미 무게는 한계치. 배낭으로 인한 피로감은 그대로 나의 여
행에 차질을 줄 것이다. 흡사 행군을 하듯 말이다. 자, 그러니
까 이게 내 여행을 40그램만큼 방해할 만한 가치가 있느냐는
말이다. 그것도 남은 긴 일정 내내. 이쯤 되면 지름신 세포는

KO라고 볼 수 있다.

"하지만 나는 배낭여행자잖아……?"

이 질문은 남은 여행에서 두고두고 큰 활약을 했
다. 지름신을 자제시켜줄 뿐만 아니라 모든 것을 '괜
찮게' 만드는 만능 질문.

칼바람이 부는 산에서 따뜻한 산장을 옆에 두고 야
외에 주섬주섬 텐트를 펼칠 때에도, 돈이 다 떨어져서
두 끼 연속 밥 대신 뻥튀기를 주워 먹을 때에도, 진흙
에 뒹구느라 옷이 엉망이 되어도 괜찮다며 깔깔 웃어
넘길 수 있던 것은 다 저 질문 덕분이었다. 어쩌면 '질
문'보다는 '주문'에 가까울 수 있겠다. 마인드 컨트롤
을 위한 '마법의 주문' 말이다. 모든 것을 괜찮게 만드
는 마법의 주문이 있다는 것은 참으로 멋진 일이다.

이 산책길이 모두 끝난 후엔, 또 어떤 마법의 주문
이 나의 오늘을 괜찮게 만들어줄까 생각하다가, 나는
그게 문득, 사랑이었으면 좋겠다고 생각했다.

#07
지구를 바쳐도
되돌릴 수 없을

오래된, 그리고 거대한 유적 앞에서 눈을 감는다. 방금까지 눈앞에 있던 그곳의 가장 번성했던 시기를 머릿속에 아주 생생하게 그려본다. 마치 영화의 200년, 300년 전 회상 신처럼 말이다. 당신이 알게 된 역사적 사실까지 동원하면 당신의 상상은 더 완벽해진다.

마차가 다니고, 아이들이 뛰논다. 모두가 바쁘게 움직이고 있다. 어디에선가 밥 내음이 풍겨오고, 일꾼들은 집으로 돌아갈 채비를 한다. 높다란 황금 궁전 안에서 공주가 그 모습을 내려다본다. 모든 영화가 그렇듯, 한편에서는 사랑에 빠진 젊은 남녀가 뜨거운 키스를 나누고 있다. 오늘이 전부인 양, 더없이 행복한 얼굴로.

지금이다. 그 영화의 가장 빛나는 순간, 눈을 번쩍 뜬다. 그러자 찬란하던 형상들이 순식간에 먼지가 되어 흩날린다. 스산한 황량함이 몸을 감싼다. 시간의 흐름을 온몸의 감각으로 느낄 수 있다.

"기분이 어때?"

천천히 눈을 뜨자, 캄보디아 친구가 내게 물었다. 숙소에서 만난 그는 자신의 마을을 영상에 담겠다는 내가 신기하다며, 오토바이로 나를 시엠레아프(시엠립) 곳곳에 데려다주곤 했다. 우리 눈앞에는 찬란한 역사를 가득 머금은 앙코르와트가 있었다.

"슬퍼."

이미 그에게 몇 차례나 이 방법에 대해 설명해 준 터였다. 앙코르와트, 이곳은 붉은 해와 뒤섞일 때면 여전히 눈물 나게 아름다운 곳이지만, 시간은 흘렀고, 이곳의 찬란함은 과거에 머물러 있다. 과거의 그것을 마주하기 위해서는 상상으로 머릿속을 가득 채우며 수없이 눈을 감았다 뜨기를 반복해야 했다.

"네가 상상했던 그곳은 어떤데?"

그의 질문에 나는 잠시 고민하다가, 입술을 뗐다.

"행복했을 거야. 따뜻했을 거고."

문득, 나의 오늘이 오늘이라는 사실이, 과거의 상상이 아닌 정말 오늘이라는 것이 참 다행이라는 생각이 들었다. 나는 오늘을 살고 있다. 이 오늘은 나의 우주에서 가장 찬란하게 빛나는 시간일 테고, 지구를 바친대도 결코 되돌릴 수 없겠지.

언젠가 나의 오늘이,

누군가에 상상 속에 등장하게 된다면,

나는 나의 오늘을 아주 뜨겁게 사랑하는 사람이기를 바란다.

그래서 나는 오늘,

세상에 살아 있는 것들을 조금 더 사랑해 보려 한다.

01 저, 지각하겠습니다

#08
행복이 헤픈 여자

"난 여기가 너무 좋아!! 제일 좋아!"

"웃기지 마. 넌 원래 다 너무 좋다고 하잖아. 너의 제일 좋 단 말은 희소성이 없어."

"그런데 오늘은 진짜 여기가 제일 좋은 걸 어떡해?"

친구와 통화를 하며 이런 대화를 나눈 적이 있다. 실제로 좋다고 외친 곳이 너무 많아 어디에서 한 통화인지도 잘 기억 나지 않지만, 당시 그녀는 내게 행복의 역치閾値가 낮아서 좋 겠다고 말했다. 세상 살기 참 편하다나 뭐라나……

사실이다. 대체로 여행 중 마주하는 아홉 번의 나쁨 대신 하나의 기쁨에 열광하는 편이다. 한번은 동유럽에서 연이은 노숙에 비까지 맞아 몹시 지친 상태였는데, 제대로 씻지도 못해 그야말로 거지 몰골을 하고 있었다. 그때 피아노 하나가 눈에 들어왔다. 나는 마구잡이로 건반을 두드려 엉성한 멜로디를 만들어냈는데, 그 소리가 어찌나 좋던지 '이거면 충분해! 충분히 완벽해!'라며 묵은 피로도 잊고 더없이 행복해했던 기억이 난다.

이유는 모르겠다. 그냥 아주 낮은 나만의 역치를 넘어서면 그때부턴 그저 나만의 '해피 타임'이다. 해피 타임이 찾아올 때면 종종 덩실덩실 막춤을 추곤 하는데, 그 빈도가 몹시 잦아 한동안 여행을 함께했던 이에게 조증이냐는 얘기까지 들었다.

그런 내게 치앙라이는 정겨운 미소 하나로 기억될 곳이다. '한 달 살아보기' 여행지로 유명한 치앙마이에서 차로 세 시간을 가면 또 다른 매력을 품은 치앙라이가 나온다. 나는 반부아 홈스테이라는 곳에 머물렀는데, 그곳의 주인아저씨는 무뚝뚝한 스타일이었다. 치앙라이에 대해 아무것도 모르고 왔던 나는 무뚝뚝한 아저씨를 졸졸 따라다니며 계속해서 이것저것 물어볼 수밖에 없었다.

"응."

"아니."

"저쪽에."

그날도 그는 무심하게 툭툭 던지는 말투로 내 질문 공세에 아주 짧게, 하지만 모조리 답해 주었다. 나는 그렇게 한참이나 그를 괴롭히다가 방으로 돌아왔다. 그런데 너무 많은 걸 물어본 탓인지, 하필 제일 중요한 정보 – 치앙라이에서 빠이 Pai로 가는 방법 – 가 도무지 기억나질 않았다. '어쩌지, 다시 물어보면 귀찮아할 텐데······.' 그의 무뚝뚝한 표정을 다시 마주할 생각에, 잔뜩 주눅이 들어 그의 방문을 두드렸다.

"저기······."

그는 예의 무표정으로 말없이 고개를 돌렸다.

"아까······ 치앙라이에서 빠이······ 어떻게 간다고 했지?"

방문 틈새로 보일 듯 말 듯 쭈뼛대는 내 모습을 보더니 그는 갑자기 사람 좋은 얼굴로 씨익 웃어 보인다. 잇몸까지 훤히 드러내며 말이다. 이곳에 온 후 그의 미소를 처음 만난 순간이었다. 나는 이래서 몇몇 친구들이 나쁜 남자의 친절에 그리도 열광했던가 하는 요상한 생각과 함께, 그의 뒤편 어딘가에서 천사의 후광 같은 것을 느낄 수 있었다.

그의 대답을 듣고 방으로 돌아온 나는 채 하루도 머물지 않은 이 게스트하우스에 애정이 마구 솟아났다. '차라리 빠이에 가지 말고 이곳에 며칠 더 머물까?' 하지만 결국 예약해 둔 숙소가 취소가 안 되는 바람에 울며 겨자 먹기로 그곳을 떠나야 했다(그 이후로 나는 다음 숙소를 절대 미리 예약해 두지 않는다).

떠나던 날, 버스 시간이 얼마 남지 않아 급히 짐을 꾸려 길을 나섰다. 그에게 인사를 마치고 대문을 나서는 순간, 그가 불렀다.

"May!"

뒤를 돌아보니 그가 내 파란색 신발을 들어 보인다. 아, 편히 신었다 벗었다 하려고 마당 쪽에 벗어놓은 것을 그만 깜빡한 것이다. 잠깐, 그런데 이 신발이 내 건 줄은 어떻게 알았지? 내 신발 두 짝을 고이 들고 걸어오는 그는 여전히 무표정이었다. 하지만 이젠 그게 무서운 표정도, 무심한 표정도 아니라는 사실을 아주 잘 알고 있다.

그렇다고 특별하게 감동적인 이별은 아니었다. 나는 신발을 챙겨 넣은 후 늘 그렇듯 미소 지으며 돌아섰고, 그는 여전히 무뚝뚝하게 짧은 인사를 건넸다. 하지만 대문을 나선 후에도 몇 번이나 뒤를 돌아봤는지 모른다. 그 이유는 아마 그가 보여준 단 한 번의 미소 때문일 테지.

그렇게 빠이에 도착한 후, 나는 며칠 지나지 않아 친구에게 다시 전화를 걸었다.

"역시 빠이에 오길 잘했어! 여기 너무 좋아!!"

수화기 너머로 그녀의 웃음소리가 들려왔다. 이걸 건망증이라 해야 할까, 금사빠(금방 사랑에 빠지는 사람)라 해야 할까⋯⋯. 확실히 나는 행복에 헤픈 사람인 것 같다. 하지만 그런 헤픔이라면 얼마든지 환영이다!

사람마다 행복의 역치는 다르다.
하지만 아주 다행스러운 일은
행복의 역치는 노력과 의지로 조절할 수 있다는 사실이다.

행복의 역치를 낮춘다는 건
현실에 안주하고 체념한다는 뜻이 아니다.
단지 똑같은 크기의 예쁨과 미움을 만났을 때,
예쁨에 조금 더 집중함으로써
나의 오늘을 조금 더 밝게 만드는 아주 작은 마법일 뿐이다.

혹시 지금 고개를 끄덕이고 있다면,
오늘부터 당장 그 마법을 실천해 보는 건 어떨까?

01 저, 지각하겠습니다

여행지의 감흥을 두 배로 만드는 법

여행이 길어지다 보면 멋진 광경에 눈이 익숙해져서, 유명한 건축물 혹은 대단한 자연 풍경을 보아도 별 감흥이 없어지는 순간이 온다. 익숙함에 속아 소중함을 잊지 말라 하던가. 하지만 사람인지라, 사람이기에 이것은 몹시도 자연스러운 일이다.

그럴 때면 나만의 방법으로 여행 첫날의 설렘을 불러오곤 한다. 이것은 에펠탑, 타지마할 등 평소 사진이나 영상으로 많이 접했음직한 유명하고 웅장한 건축물에 어울리는 방법이다. '인생 숏'의 발원지로 유명한 파리의 에펠탑을 상상해 보자.

에펠탑을 두고 등을 돌린다.

앞으로 몇 걸음 걸어가며 생각한다.

강아지 밥은 줬던가?

이메일에 답장을 했던가?

오늘 저녁은 뭐 먹지?

아, A와 B가 드디어 사귄다던데……

따위의 아주 일상적인 생각 말이다.

일상적인 잡념에 파묻혀, 바로 뒤에 에펠탑이 있다는 사실을 까마득히 잊는다.

아니, 사실 아예 잊어버리는 것은 불가능하기에

잊어버렸다고 최면이라도 걸어본다.

그리고 마음이 일상의 어느 하루,
아주 잠잠한 상태로 돌아왔을 때
정말 무심코 뒤를 돌아본 듯
몸을 돌린다.
그곳에 에펠탑이 있다.

순간, 팔뚝에 미세한 소름이 돈는다.

　　내가 여기에 있다고?

낭만의 에펠탑도, 감동의 히말라야 봉우리도 눈에 익숙해지고 마음이 그 소중함을 잃으면 한낱 건축물과 뒷산에 지나지 않게 된다. 이곳에 오기까지의 마음은 아무것도 아닌 게 되는 거다. 그럴 때면 스스로에게 억지로라도 자극을 줘보자.

네 옆에 서기 전, 너의 사랑을 갈구하던 그날의 나로 돌아가보는 거다. 그러다 문득 고개를 돌린다. 나를 보며 웃고 있는 네 얼굴이 보인다.

02

때때로 괜찮지
않았지만,
그래도 괜찮았어

늘 괜찮기만 한 삶을 바랄 수는 없겠지만
그래도 오늘은 해도 해도 너무 했잖아 싶은,
알고 보면 나만 괜찮지 않은 건가 싶은
어쩐지 억울해지는 하루가 있다.

그것은 여행 중에도 이따금씩 나를 괴롭혔다.
누군가는 SNS를 보며 부러워할지 모를 나의 하루가
오늘 내게는 너무도 버거웠다.
창밖으로 들려오는 저들의 웃음소리마저……

#09
행복하지 않을 자유

사실 처음부터 내게 방콕이 마냥 아름다웠던 것은 아니다.

나는 온도 변화에 유난히 취약하다. 캄보디아에서 버스를 타고 와 걸어서 태국 방콕으로 국경을 넘는 순간부터, 나는 숨이 턱 막혀버렸다. 그리고 그날부터 줄곧 온몸이 흐물흐물 녹아버릴 듯한 날씨를 견뎌야 했다. 심지어 경비를 아끼기 위해 머문 카오산 로드의 가장 저렴한 숙소는 침대만 빼곡한 8인실로 작은 방에 창문조차 없었으며, 한낮부터 초저녁까지는 에어컨도 가동하지 않았다. 그 시간대에는 도저히 밖으로 나갈 엄두가 나지 않는데 ─ 나갔다가도 한 시간 이내에 땀범벅이 되어 돌아오곤 했다 ─ 숙소조차 이렇게 끔찍하다니,

그야말로 최악이었다.

잠깐만 매트리스에 등을 대고 있어도 맞닿은 면이 금세 땀으로 눅눅해져 나는 마치 오징어를 굽듯 엎어졌다 뒤집기를 반복해야만 했다. 물론 의욕은 제로. 그렇게 방 안에 축 늘어져 있다 보니 내가 참으로 한심하게 느껴졌다. "행복해지고 싶어서 떠나왔다"고 줄곧 말해왔건만, 행복은커녕 더위에 지쳐 이렇게 방 안에만 퍼져 있는 꼴이란……. 도대체 다른 사람들은 이 더위를 어떻게 견디는 건지, 가끔씩 방 밖에서 웃음소리가 새어 들어올 때마다 우울함이 나를 차곡차곡 채워갔다. 잠깐, 이 느낌 뭔가 익숙하고 낯익다.

그래, 맞다. 유난히 지치던 어느 하루, 새벽녘에야 퇴근하고 돌아와 씻지도 못한 채 침대에 엎드려 있던 그날. 거북처럼 고개만 옆으로 빼꼼 내놓고 타인의 SNS를 들여다보던 때의 그 느낌이다. 세상 사람들은 다 즐겁고 나만 힘든 것 같은, 어쩐지 억울하고 주눅에 잠식당하는 기분. 세상은 멋지게 돌아가는데 나만 그 자리인 기분. 그나마 갖고 있던 알량한 것들을 버리고 짐짓 '멋짐'을 연기하며 타국까지 건너와 하는 거라곤 결국 작은 골방 침대 모서리를 붙잡고 씨름하는 일이라는 것. 나를 알고 있는 누군가가 어딘가에서 이런 나를 지켜

보고 있을까 봐 겁이 나고 불안하고 짜증마저 엄습해 왔다. 물론 그런 일은 절대 일어나지 않겠지만. 엎친 데 덮친 격으로 방 안 어디선가 모락모락 피어나는 곰팡이 냄새까지 한 숟, 나의 비루함에 무게를 보탰다. 그때 친구에게서 카톡이 왔다.

'방콕은 어때? 재밌어?'
'응, 여기 괜찮아. 재밌어!'

평소와 다름없이 전송 버튼을 누르려는 순간, 멈칫. 젠장! 괜찮긴 뭐가 괜찮단 말인가.

"하나도 안 괜찮고, 하나도 안 재밌어!
사람도 너무 우글거리고, 더워 죽을 것만 같아!"

왜 나는 그렇게 말하지 못하는 걸까. 팀원들이 모두 떠나 멍하니 빈 책상을 바라보던 그날도, 상사의 스킨십에 겨우 자리를 피한 그날도, 다음 날이면 나는 그저 아무 일도 없는 듯 웃어 보이며 "좋은 아침입니다!"를 외치곤 했다. 왜 늘 '괜찮다'고 말하는 습관이 생긴 걸까? 무엇이 진짜 마음을 감춰버리고 '괜찮다'고 말하는 강박을 만들었을까?

괜찮지 않아서 괜찮기 위해 떠나온 이곳에서까지 나는 왜 '괜찮다' 말하는 강박으로 나를 동여매고 있는 걸까? 숨이 턱 턱 차오르는 더위와 땀구멍을 막아버리는 습기, 거기다 곰팡이 냄새까지, 좋은 게 하나도 없지 않은가. 젠장. 모든 것에 감사하다고 말하다 보면 정말 매사에 감사한 사람이 되듯, 행복도 습관으로 만들 수 있는 것이라 굳게 믿지만, 그래도 '억지로' 행복할 필요는 없잖아.

'행복하지 않을 자유.'

나는 왜 그 자유를 스스로 억압하고 있는가. 내 자유를 앗아간 것은 다른 누구도 아닌 바로 나였다. 오늘 하루 정도는 불행을 인정해도 괜찮다. 오늘 내가 불행 한 덩이를 만났다고 해서 불행한 삶이 되는 것이 아니듯 여행도 마찬가지였다. 여행이라고 무조건 행복한 나날만 가득해야 하는 것은 아니다.

생각이 여기에 미치자 마음이 몹시 편안해졌다. 굳이 혼자 조용히 있지 않아도 충분히 마음을 보듬을 방법을 찾은 것 같았다. 마치 발목을 채운 무거운 족쇄 하나가 탁 풀린 듯, '행복하지 않을 자유!' 굉장한 선물을 손에 쥔 느낌이었다. 갑자기 모든 것이 괜찮아진 기분. 그래, 바로 이게 여행의 맛이다.

기분이 한결 좋아진 나는 그대로 밖으로 뛰어나왔다. 바깥은 어느새 어둑어둑해졌고, 뜨거운 열기는 제법 가셨다. 젊음으로 뜨거운 여행자의 거리, 카오산 로드가 눈을 뜨기 시작하는 시간. 잔뜩 흥에 취한 무리가 내 앞을 스쳐간다. 순간, 그들의 흥이 내게 전염된 듯한 느낌이 들었다.

기분이다!

나는 그대로 편의점에 가 병맥주를 하나 산 후, 빨대를 콕 꽂았다. 그러고는 한입 가득 쭈욱 들이마셨다. 그렇게 한 손에는 빨대가 꽂힌 병맥주를 든 채, 인파 속으로 천천히, 하지만 누가 봐도 신나는 발걸음으로 파고들어 갔다.

나는 다음 날 답장이 늦어 미안하다는 말과 함께 친구에게
카톡을 보냈다.

'여기 진짜 더워. 재미는 개뿔, 낮엔 정말 죽을 것 같아.
아! 근데 카오산의 밤은…… 좀 괜찮은 것 같아!'

'괜찮아'라는 포장지로 구태여 감추지 말아요.
다른 사람에게도,
당신 스스로에게도.
오늘이 행복하지 않았더라도 실패한 삶이라 자책하지 말아요.
오늘의 하루가 내일의 행복을 더 빛나게 해줄 거예요.
그러니 부디 오늘의 당신에게 행복하지 않을 자유를 주세요.

당신, 괜찮지 않아도 괜찮아요.

#10
자연스러움에
대하여

남산타워에서 보는 야경보다는 낙산공원의 작은 카페에서 내려다보는 야경을 좋아한다. 같은 서울의 야경임에도 왠지 과하지 않고 편안한 느낌이 드는 그곳이 좋다. 완벽하지 않아 오히려 정감 가는 느낌이랄까, 사람 내음이 난달까.

하이델베르크의 철학자의 길 어느 모퉁이에서 그러했고, 로마의 이름 모를 오렌지 농장이 그랬다. 그 지역의 가장 예쁘다던 야경 명소보다는 항상 눈이 편안한 의외의 곳에 마음을 빼앗기곤 했다. 때론 이름도 기억나지 않는, 마치 기대하지 않은 선물과도 같던 그 장소는 대체로 그 나라에 대한 내 기억의 전부가 되곤 했다. 이처럼 무심코 찾은 곳에서 우연히 발견하는 행복은 나만의 수확처럼 느껴지고 고된 여행에 대한 보상처럼 느껴지면서 그 깊은 마력에 빠지게 만든다. 여행에서 맛보는 최고의 순간, 이런 짜릿함이야말로 여행을 지속 가능하게 하는 힘, 여행을 사랑하게 하는 힘이 아닐까.

바로 오늘, 방콕 푸카오통에서 나는 같은 기분을 느꼈다.

푸카오통은 높은 곳에 위치한 사원이다. 그 사원으로 올라가는 길에는 무수히 많은 종이 있다. 수백 개의 종이 가벼운 바람에도 두근거리는 음악을 자아낸다. 어느 울림 하나 억지스러운 것이 없다. 그 음악과 함께 사원에 오르면 방콕 한편을 내려다볼 수 있다. 사실 방콕 시내가 완벽하게 내려다보이는 것은 아니다. 아무래도 도시 한복판에 위치한 것도, 경관을 위해 인위적으로 주변 나무를 완벽히 베어낸 것도 아니라 야경을 즐기기에 완벽한 조건은 아니었지만, 또 그곳에서 내려다본 방콕이 그리 반짝이지도 않았지만, 은은하게 빛나던 그 모습이면 충분했다. 딱 눈이 편안한 아름다움이었다. 나를 스쳐가는 스님들에게, 그리고 옷자락에 묻어 있는 향냄새를 향해 나는 미소 지었다. 과하지 않게, 이곳의 야경처럼, 자연스럽게.

나는 항상 '자연스러움'을 지향하며 살려고 하지만, 그것은 내게 가장 어려운 숙제와도 같다. 의외로 나는 낯가림이 몹시 심한 타입이다. 겉으로는 밝아 보이고, 실제로 모르는 사람과 대화하는 것을 두려워하지는 않지만, 그건 딱 초반의 십오 분뿐. 인사를 마치고 이제는 조금 더 '친해질 단계'가 다가오면 나는 어찌해야 할지 몰라 한 발을 빼버리곤 한다. 그게 나의 낯가림 방식이다.

그래서 나는 사회생활을 할 때면 '낯가리지 않는 밝은 성격인 척, 누구와도 쉽게 어울릴 수 있는 마냥 유쾌한 사람인 척'을 연기하곤 했다. 그렇게 사회에서 만난 이들과 즐거운 시간을 보내고 집에 돌아오면, 진이 다 빠져서 뻗어버리기 일쑤였다. 낯을 가리면 가리는 대로, 있는 그대로의 나를 보여주고 싶지만 "사회생활이라는 게 다 그렇지 뭐"라고 합리화하며, 부자연스러운 삶에 익숙해져 왔다. 하지만 어쩐지 안 맞는 옷을 입은 듯한 느낌이 드는 것은 어쩔 수 없었다.

연애도 마찬가지다. 연애를 할 때 내가 가장 중요하게 생각하는 조건은 '있는 그대로의 나를 보여줄 수 있고, 그 모습을 사랑해 주는 사람'이다. 그리고 상대 역시 '내게 있는 그대로의 자신을 보여주는 자연스러운 사람'이기를 희망한다. 조금 더 멋져 보이려고, 혹은 더 매력적인 사람으로 비치기 위해 자신을 억지스럽게 포장하지 않는 사람이면 좋겠다. 굳이 반짝이는 겉포장을 두르지 않아도 누구나 자신만의 빛을 가지고 있다. 나는 그 빛을 서로 알아보고, 그것을 있는 그대로 사랑하는 연애를 하고 싶다는 생각을 종종 한다.

그래서 이번 여행에서만큼은 나의 낯가림을 숨기고 싶지 않았다. 억지스러운 대화보다는 편안한 침묵을 택했다. 누군가와 함께하기 위해 억지로 다가가려는 노력도 하지 않았다. 여행을 하며 정말 좋은 사람들을 많이 만났지만, 실제로 '정말 친해졌다'고 말할 수 있는 사람이 그리 많지 않은 이유다. 확실히 나의 성격 탓에 스쳐가 버린 아쉬운 인연들이 많았다.

하지만 '가까워졌다'고 말할 수 있는 소수의 이들은 정말 자연스럽게, 있는 그대로의 나로서 가까워진 사람들이기에, 나는 그것이 참 좋았다.

자연스러운 푸카오통의 연주가, 소박한 야경이, 자극적이지 않은 향기가 좋았다. 내 몸 속의 부자연스러운 불순물을 조금씩, 조금씩 덜어내는 듯한 충만한 느낌. 나는 '방콕에 오면 꼭 가야 한다는 그곳들'의 일정은 모두 지워버리고, 방콕에 있는 남은 시간 동안 매일같이 푸카오통, 이곳에 머물겠노라 마음먹었다. 그런데 바로 그 순간, 누군가 나를 흘끗대는 것을 느꼈다.

"Hello, Tourist?"

서툰 영어의 주인공은 아까 스쳐 지나간 스님들이었다. 자세히 보니 내 또래쯤인 듯했는데, 호기심 가득한 눈망울을 갖고 있었다. 내가 고개를 끄덕이자 그중 한 명이 대뜸 묻는다.

"Photo? Together?"

함께 사진을 찍자는 거다. 여행을 하며 가장 많이 듣는 말이긴 하지만, 내 머릿속의 스님이란 그저 근엄한 표정으로 헛기침을 '험- 험-' 하는, 감히 셀카를 찍자며 카메라를 들이대기 어려운 이미지였기에, 나는 그 생소한 조합에 웃음이 터지고 말았다(물론 나의 선입견일 뿐이지만). 내가 고개를 푹 숙이고 한참을 웃으니 그들도 장난기 가득한 표정으로 따라 웃는다. 그렇게 한참을 웃다가 그들과 나를 향해 카메라를 들자, 개구쟁이 같던 조금 전 모습은 어디 가고 스님들은 부끄러운 듯 짐짓 서로를 툭툭 치며 어색한 표정을 지었다. 나는 굳이 근엄한 척, 태연한 척하지 않는 그들의 자연스러운 모습이 좋았다. 어쩌면 푸카오통의 자연스러움은 이 스님들의 매력이 스며든 게 아닐까? 그렇게 그들과 몇 차례 사진과 짧은 영상을 남기고는, 다시 걸음을 옮겼다. 종소리가 조금 더 가까이서 들려왔다.

딸랑딸랑.

바람이 만들어준 종의 연주. '이 소리는 내 기억 속 방콕의 전부로 남겠구나' 생각했다.

어쩌면 여행이라는 건, 찰나의 색으로 빈 종이를 조금씩 채워나가는 일이 아닐까. 그렇다면 훗날 나의 종이는, 빨갛든 노랗든 전혀 상관없이 그저 자연스러운 색이 한가득 모여 조화를 이루는 모습이면 좋겠다.

#11

그대 몫의
외로움

똥밭.

신성한 죽음의 도시, 바라나시의 첫인상은 똥밭이었다. 이미 한 달 가까이 인도 여행을 하며 더러운 풍경에 익숙해 있던 나였지만, 그곳은 상상 이상이었다. 바닥이 오물 천지라, 똥을 밟지 않으려면 내내 바닥을 보고 걸어야 했다.

게다가 도착한 첫날부터 사이클 릭샤(자전거를 개량한 수동 인력거) 기사와 한 차례 실랑이를 벌였다. 이미 타기 전에 50루피로 협의를 했었는데, 고돌리아에 도착해 내릴 때가 되니 뜬금없이 100루피를 달라는 거다.

"아까 분명히 50루피라고 했잖아요."

고개를 절레절레 흔들며 100루피란다. 참고로 100루피면 비교적 편안하고 빠른 오토 릭샤(오토바이를 개량한 자동 인력거)를 탈 수 있는 금액이다. 게다가 두 배는 너무 심하잖아! 기사의 마른 몸이 살짝 마음에 걸리긴 했지만, 내가 고마운 마음에 팁을 주는 거면 몰라도 저런 뻔뻔한 수법에는 절대 당해주고 싶지가 않다. 그렇게 한참을 실랑이를 이어가다 마침내 짜증이 솟구쳐 말했다.

"안 받는단 거죠? 나 그냥 가라는 거죠? 그럼 갈게요~ 고마워요, 안녕~"

그렇게 나 역시 뻔뻔하게 뒤돌아 가자, 기사가 쫓아와 내 배낭을 붙잡는다. 그래서 다시 50루피를 내밀자 그건 또 안 받는단다. 그래, 이런 데 감정 소모하면 나만 손해다. 나는 배낭을 그나마 덜 더러운 바닥에 내려놓고 그 위에 앉았다. 그러곤 릭샤 기사의 말이 들리지 않는 듯 가만히 앉아 마을 구경을 하기 시작했다. 사진도 몇 장 찍으면서. 그렇게 한참을 아무것도 들리지 않는 척하고 있으니 릭샤 기사가 화난 얼굴로 말한다.

"50루피!"

진작 그럴 것이지! 나는 손에 쥐고 있던 50루피에 10루피를 더해 그에게 건넸다. 그는 살짝 머쓱한 표정으로 구시렁거리며 릭샤로 돌아갔다. 그렇게 도착한 날부터 내가 만난 모습은 바가지를 씌우려는 이들과 돈을 요구하는 아이들, 무섭게 짖어대는 야생 그대로의 개들뿐……. 나는 이곳이 많은 여행자들의 찬사를 받는 도시라는 사실에 의구심이 차올랐다.

하지만 최악의 첫인상을 안겨주었던 바라나시도 조금씩 자연스럽게 내 일상이 되어갔다. 정확히는 내가 그곳에 스며들어 갔다는 표현이 맞겠다. 숙소에서 오 분만 걸어가면 갠지스강을 볼 수 있는 가트(Ghat, 물로 이어져 있는 계단)가 나왔다. 아무것도 하지 않고 그곳에 앉아 멍하니 갠지스강을 바라보는 일. 그것은 금세 나의 일상이 되었다. 특히 이른 아침에 나가면 그곳에서 목욕을 하는 사람들을 심심치 않게 볼 수 있었다.

그리고 강을 따라 조금 걸어가면 빨래하는 사람들을 만나게 된다. 그들은 빨랫감을 바위에 패대기치며 때를 씻어내곤 했는데, 그때 울리는 철썩대는 소리가 마치 파도 소리 같아, 그곳에서만큼은 절대 이어폰을 끼지 않았다. 그리 맑지 않은 강물임에도 빨래를 마치고 한편에 널어놓은 옷가지들은 햇빛을 가득 받아 하얗게 반짝였다. 가만히 앉아 그 모습을 보고 있노라면 바라나시만의 느린 초침 소리가 째깍, 그리고 한참 후 다시 째깍 하고 들려오는 듯했다.

'아, 평화롭다.'

하지만 그렇게 찾아온 평화도 그리 오래가지 않았다. 며칠 사이 급격하게 컨디션이 나빠지기 시작하더니, 지독한 감기 몸살이 찾아온 것이다. 여행 중 처음으로 겪는 병치레였다. 그 무더위 속에서 말이다. 흥정 끝에 싼 값(한화 3,500원)에 얻은, 바깥 창문도 없고 뜨거운 열기만 가득한 작은 방 안에서 나는 지독히도 앓았다. 비상용으로 챙겨둔 감기약을 털어 넣었지만 좀처럼 열은 내릴 줄 몰랐다. 밥을 먹으러 나갈 힘도, 도움을 청할 기운도 없어 하루 종일 밥 한 끼 - 그조차도 거의 남겼지만 - 먹은 채 끙끙 앓고만 있었다.

그렇게 이틀째, 새벽 무렵 찾아온 통증에 눈을 떠보니 목과 턱이 기괴할 정도로 퉁퉁 부어올라 있었다. 목을 양 옆으로 돌릴 수도, 말 한마디 내뱉기도 어려웠다. 처음 겪는 몸 상태에 당황해 원인을 검색하려 휴대폰을 들었지만, 와이파이가 잡히지 않는다. 그나마 잘 잡히던 방구석으로 가 휴대폰을 높이 들고 까치발을 들었다. 연결이 될 듯 말 듯 하더니 연결 표시가 아예 사라져 버렸다. 결국 나는 다 포기한 채 침대에 누웠다.

하필 오늘은 이틀 전 일몰 보트투어(갠지스강에서 배를 타고 일몰을 보는 투어) 중 만난 이들과 일출 투어를 함께하기로 약속한 날이었다. 하지만 그 상황에서 연락조차 할 수 없었다. '뭐…… 내가 안 가면 그냥 늦잠 자는가 보다 하고 나머지 사람들끼리 잘 타겠지? 생각이 거기에 미치자 왈칵 눈물이 차올랐다. 내가 가지 않아도 괜찮지 않을, 내가 떠나온 그곳에 남아 있는 '내 사람'들의 얼굴이 스쳐 지나갔다. 아니, 정확히는 나를 '내 사람'이라 불러주는 이들이. 왜 연락이 없냐며, 무슨 일 있는 것 아니냐며 방문을 두드려줄 누군가가 나는 몹시도 간절했다.

모든 사람에게는 각자 감당해야 하는 각기 다른 모양과 크기의 외로움이 있다. 그리고 오늘 나의 외로움은 대부분의 여행자 몫이 그러하듯 유난히도 컸다. 어쩌면 이것은 떠나온 이들의 숙명인지도 모른다. 유난히 덥고 고독한 오늘, 나는 이 작은 방 한가운데에 가만히 누워 있었고, 결국 내 방문을 두드리는 이는 없었다. "익숙한 것을 떠나온 대가야"라고, 누군가 내 귓가에 속삭이는 듯했다.

외로웠다. 그 작은 방 안의 뜨거운 열기 속에서 홀로 떠는 일이, 내가 열지 않으면 아무도 두드리지 않을 것만 같은 방문을 바라보는 일이, 나는 몹시도 외로웠다. 하지만 그것은 분명히 내가 감당해야 할 내 몫의, 우리 여행자 몫의 감정이었다.

떠나온 기쁨만큼,
떠나온 대가도 존재한다.

하지만 너무 겁먹지는 말 것.
오늘 당신이 있는 그곳에서도
그대 몫의 외로움, 잘 견뎌냈듯,
그래도 괜찮을 거다.
괜찮지 않은 하루는 분명히 흘러갈 테니.

02 때때로 괜찮지 않았지만, 그래도 괜찮았어

#12
일희일비하는 여행자

이틀 내내 지독히도 괴롭히던 감기 몸살이 그런대로 한풀 꺾여주었다. 여전히 목 한쪽은 부어 있었고 말 한마디 하려면 찌릿찌릿 통증이 느껴졌지만 충분히 참을 만했다. 그렇게 나는 다시 바라나시의 일상 속으로 스며들고자 했다. 그날은 우연히 저녁 모임에 초대를 받아, 오랜만에 한국인 여행자들과 둘러앉았다.

다양한 주제가 오고 가다 문득 누군가가 '여행이 주는 장점'에 대해 이야기를 꺼냈다. 한참 이런저런 사소한 사연들이 오가다가, 누군가의 한마디에 모두가 고개를 끄덕였다.

"여행은 사람을 단단해지게 만들어."

사실이다. 특히 혼자 여행을 하다 보면 수많은 사건 사고를 마주하게 되고, 그 모든 것을 혼자 감당해 내야만 한다. 대체로 말도 잘 통하지 않는 곳에서 말이다. 그렇게 하루에도 몇 번씩 낯선 말, 낯선 이, 낯선 사고와 맞닥뜨리고 그것이 일주일, 한 달, 혹은 그 이상이 되면 어느새 어떤 사건 사고에도 크게 동요하지 않는 나를 느끼게 된다. 그만큼 단단해졌다는 이야기일 테지.

'단단해지는 것'을 두고 많은 사람들은 '어른이 되는 일'이라 부르곤 한다. 특히 사랑이라는 분야에 관해, 어른들은 "이별도 무뎌지면 괜찮아"라는 말을 종종 하던가……. 분명 사실이다. 처음으로 여행지에서 며칠간 동행했던 이와 헤어졌을 때, 나는 며칠이나 우울해했다. 하지만 지금은 "안녕! 언젠가 또 길 위에서 보자!"라며 누구보다도 쿨하게 – 연락처 교환조차 하지 않고 – 돌아서는 일이 부지기수다. 이렇게 점점 이별에 단단해져 가는 것이리라.

하지만 진심으로 바라는 것 하나, 내 마음 속 말랑말랑한 감성만큼은 단단해지지 않기를……. 그리고 수없이 고민한다. 지금보다 조금 더 나이를 먹어도 눈물이 차오를 때면 언제든 참지 않고 펑펑 쏟아내는, 말랑말랑한 어른이 될 순 없을지를.

그런 의미에서 나는 일희일비하는 인생을 살고 싶다.

한 걸음 내딛는 순간 찾아오는 희喜를 만끽하고,

또 한 걸음 내딛는 순간 찾아오는 비悲에 모조리 적셔지는,

그렇게 모든 걸음의 감정에 충실하며,

그것을 모조리 기록하고 나서야 또 한 발 천천히 내딛는,

그런 인생 말이다.

물론 그러다 보면 힘든 순간도 찾아올 것이다. 실제로 매 순간 사사로움에 사로잡혀 여행지에 푹 빠지지 못했던 조금은 후회되는 기억들도 있다. 하지만 나는 아주 잘 알고 있다. 그보다 더 많은 순간의 사사로움이 내가 서 있는 이곳을 더 밝게 빛내주었음을. 베트남의 사파가 그냥 사파가 아니게 하고, 캄보디아의 앙코르와트가 그냥 앙코르와트가 아니게 해 주었음을. 이렇게 여행지를 만들고, 기억하는 것은 결국 나의 수많은 사사로움이었다.

그렇기에, 캄보디아 친구가 건넨 들꽃 두 송이에 한껏 행복해하고, 순례길을 가득 에워싼 꽃향기에 심장이 쿵쾅거리던 나를 어른이 된다는 이유로 놓아주고 싶지는 않다.

그래서 나는 일희일비하는 인생이고 싶다. 그리고 그런 여행을 하고 싶다. 아주 오래도록.

#13
나만의 속도

해발 약 4,300미터에 위치한 안나푸르나 베이스캠프에 다녀오는 히말라야 ABC트레킹. 늘 그렇듯 특별한 이유 없이, 그저 막연한 호기심에 산행을 시작했다.

히말라야에서 가장 유명한 코스지만 결코 만만히 볼 것은 아니다. 사람은 해발 3,000미터를 넘어가는 순간부터 고산병 증세를 느낄 수 있는데, 이때 가장 위험한 것이 빠른 걸음이다. 몸이 높은 고도에 적응할 수 있도록 천천히 걸어 올라가야 하는데, 급하게 가다 보면 호흡곤란, 두통, 구토 등을 겪을 수 있다. 그래서 오히려 체력을 믿고 빠르게 올라가는 사람들이 도중에 고산병을 겪고 포기하는 경우가 더 많다고 한다. 이 때문

에 히말라야에서는 급히 가는 것이 오히려 산을 잘 탈 줄 모르는 것이라고들 한다. 짧게는 사나흘, 길게는 보름을 넘어가는 기간 동안, 각자 자신만의 속도로 한발 한발 내디딜 뿐이다.

안타깝게도 나는 걸음이 매우 빠른 편이다. 그래서 천천히 가야 한다는 말을 귀에 못이 박이도록 들었던 나는 처음 출발하면서부터 나만의 속도를 찾으려 무던히 노력했다. 하지만 느리게 걷다가도, 잠깐 정신이 다른 데에 팔리면 나도 모르게 빨리 걷고 있었다. 세상의 빠른 속도에 익숙해 있던 내가 이토록 느리게 걸으려 노력해 본 적이 있던가? 그런 내 모습에 일행들은 깔깔거리며 나를 놀려대기 바빴다.

"She looks like robot!(꼭 로봇 같아!)"

처음에는 정말 로봇이 걷는 듯한 느린 속도의 규칙적인 걸음이 몹시 어색했지만, 이내 호흡이 흐트러지지 않는 선에서 나만의 적당한 속도를 찾게 되었다. 오래지 않아 굳이 의식할 필요조차 없어졌다. 그렇게 트레킹을 시작한 지 사흘째, 저 멀리 봉우리만 살짝 보이던 설산이 어마어마한 덩치를 드러내기 시작했다. 히말라야 캠프를 지나 아찔한 눈길을 걸어가다 보니, 해발 3,700미터의 마차푸차레 베이스캠프가 나왔다.

절경, 황홀, 경이로움……. 거대한 설산의 품에 안겨 있는 그 작은 보금자리의 모습은 내가 알고 있던 모든 형용사를 쓸모없게 만들기에 충분했다.

그곳에서 혼자 산행을 즐기는 어느 한국인 여성을 만났다.

"한국인이세요?"

"아, 네! 한국인이에요. 내려오는 중이세요?"

최종 목적지인 ABCAnnapurna Base Camp에 갔다 내려왔다는 그녀는 낯빛이 썩 좋아 보이지 않았다. 같은 처지에 반가운 마음이 들어 친해지고 싶었지만, 그녀는 더 이상의 대화가 불가능할 정도로 고산병 증세에 힘들어하더니 그 자리에서 먹은 음식을 모두 토해 버리고 말았다. 결국 그녀는 추가로 주문해 둔 달걀 프라이는 나보고 대신 먹으라는 말만 남긴 채, 비틀비틀 방으로 들어가 버렸다.

히말라야 캠프(2,920미터), 마차푸차레 베이스캠프(3,700미터)부터는 그녀처럼 고산병에 힘들어하는 이들을 심심치 않게 만날 수 있었다. 하지만 왠지 나와 비슷한 느낌의 그녀가 무너지는 모습을 직접 맞닥뜨리고 나니 전에 없던 두려움이 차올랐다. 그녀의 모습이 내일의 내 모습일지도 모르는 일이었다. 나, 내일 무사히 다녀올 수 있을까?

　다음 날 새벽 다섯 시, 해가 채 고개를 내밀기도 전에 우리는 최종 목적지인 ABC를 향해 오르기 시작했다. 얕게는 발목부터 깊게는 허벅지까지 푹푹 파이는 눈길을 한발 한발 오르는 일은 결코 쉽지 않았다. 하지만 사방 어디를 둘러봐도 영화 속, 아니 노트북 바탕화면 속에 들어와 있는 듯한 느낌에 힘들어할 새도 없었다. 그렇게 약 두어 시간을 천천히 쉬지 않고 오르자 'Annapurna Base Camp'라는 글자가 보였다. 도착이다!

　걱정과는 달리 다행히도 나는 어떤 고산병 증세도 느끼지 못했다. 나뿐만 아니라 일행도 마찬가지였다. 나는 기쁜 마음으로 ABC 한편에 당당히 내 명함을 붙여놓았다. 그것을 한참 뚫어져라 바라보는데, 가슴 안에 무언가 몽실몽실 차오르는 기분이었다. 그곳에서 한참 동안 기쁨을 만끽하고 내려오는 길에 툭하면 내 걸음을 놀려대기 바빴던 일행 중 한 명이 말했다.

　"뒤에서 네가 걷는 것 보면 진짜 웃겨. 근데 신기한 게 오르막길이나 내리막길, 출발할 때나 도착할 때 속도가 변하지가 않더라고. 나 혼자 갔으면 마냥 빠르게 올라갔을 것 같은데, 널 뒤따라가면서 페이스 조절할 수 있었어, 덕분에."

맞다.

이곳은 누가 날 지나쳐 가도 전혀 조급해하지 않고, 온전히 내 페이스를 유지할 수 있는 곳. 뒤처진다고 해서 조금도 속상해할 필요가 없는 곳. 그리고 그 누구도 뒤처진 나를 비웃지 않는 곳. 심지어는 그게 누군가에게 도움이 되기도 하는 곳. 히말라야였다.

사실 특별한 이유도 목적도 없이 막연한 호기심에 올라온 산이었는데, 고산의 매력을 제대로 느껴버렸다. 나는 '앞으로 산을 참 좋아하게 되겠구나!'라고 생각했다. 그리고 되뇌었다.

앞으로 살면서 지금 이 속도를 절대 잊지 말자고.

그러고는 발바닥에 닿는 돌 하나하나의 감촉을 음미하며, 이제는 아래를 향해, 천천히 또 한 발 내디뎠다.

당신의 속도를 찾을 것.

그리고 세상의 초침에 흔들리지 말 것.

조금 느려도 괜찮다.

조급해 말고, 또다시 한 걸음.

#14
하늘 별 대신 땅 별

나에게 '포카라'는 별이었다.

인도의 국경 마을 소나울리에서 작은 차를 타고 구불구불
한 산길을 한참이나 달렸다. 울퉁불퉁한 비포장 산길의 연속
이라 셀 수 없이 창문에 머리를 박았다. 그리고 잊을 만하면
바로 옆에서 들려오는 소리.

"우웨에에엑~"

동승자 넷 중 두 명은 끊임없이 토하며 힘들어했는데, 두
어 시간이 지나자 모두 초월한 듯 차가 멈추지 않아도 창문

밖으로 고개만 빼꼼 내밀어 마치 침을 뱉듯 토하고는 아무 일 없던 듯 입을 슥 닦아내곤 했다. 비록 토하진 않았지만 힘들기는 나도 마찬가지였다. 다시 수 시간이 흘러 깜깜한 밤이 되었다. 잠들 수 있는 상황이 아니어서 가만히 창밖을 바라보고 있었지만, 보이는 거라곤 깜깜한 어둠뿐. 그렇게 또 한참을 달렸다. 그러다 문득 너무 깜깜해서 저기가 하늘인지, 산인지 모를 그 중턱 어딘가에서 가로등인지, 건물인지 모를 무수한 무언가가 굴절되어 반짝였다.

'별인가?

그러더니 순식간에 수많은 별이 펼쳐졌다. 운전사가 외쳤다. "거의 다 왔어!" 그렇게 내가 만난 포카라의 첫 모습은 별이었다. 땅에서 만나는 별, 땅 별.

나는 그곳에서 여드레 동안 히말라야를 오르고, 나머지 일주일 동안은 대부분 멍하니 페와 호수를 바라보거나 혹은 자전거를 타고 달리며 시간을 보냈다. 그리고 밤에는 나의 포터였던 사랑스러운 친구와 네팔 전통주를 마시기도 하고, 우연히 만난 트레킹을 끝내고 온 부모님 연배의 어르신들을 모시고 현지인 사이에서 나름 핫한 클럽에 가보기도 했다. "어머, 내가 네 덕에 별 경험을 다 해보네. 너무 고맙다! 그런데 부끄러워서 어디 춤을 추겠니"라던 그분들은 젊은 날의 어느 하루로 돌아간 듯, 스테이지 한가운데에서 가장 신나게 춤을 추었다.

그렇게 수많은 추억을 남기고 그곳을 떠나기 하루 전, 나는 사랑에 빠진 곳과의 이별을 앞둘 때마다 늘 그랬듯 고민에 빠져 있었다.

'내가 정말 이곳을 두고 떠나갈 수 있을까?'

나는 잔뜩 먹먹해진 마음으로 페와 호수 근처를 걸었다. 온통 깜깜한 밤하늘에 별은 그리 많지 않았다. 그때 호숫가에서 무언가 반짝- 하고 빛났다. 가까이 다가가보니 그 근처로 반짝이는 것들이 가득했다. 반딧불이였다. 그것도 아주 많은. 반딧불이는 나와 '밀당'을 하듯 내 손에 닿을 듯 말 듯 하며 눈앞을 한참이나 밝혀주었다. 나는 그렇게 포카라의 마지막 날, 또다시 별을 만났다.

포카라, 이곳에서는 굳이 하늘을 올려다보지 않아도 도처에서 별이 빛났다. 그리고 나는 그것을 사랑했다. 도리어 잡을 수 없는 높은 곳 어딘가가 아닌 땅에서 빛나는 별이라 더 사랑했는지도 모른다. 그래서인지 이번에는 유난히 떠나기가 더 어려웠다. 무거운 마음으로 숙소에 돌아와 마지막으로 짐을 싸는데 문득 손톱이 눈에 들어왔다. 나는 딱 이곳에서 쌓인 추억만큼 자란 손톱을 보며, 어차피 깎아야 한다면 이곳에 두고 가야겠다고 생각했다.

토독토독……
손톱을 깎아내며, 나는 속삭이듯 말했다.

"내 마음 속에서 너는 늘 별일 거야.
닿을 수 있는 별 말이야.
그래서 나는 다시 너를 찾아올 거야.
그러니 내 추억들은 여기 남겨두고 갈게."

그 이후로 나는 사랑했던 나라를 떠날 때마다 손톱을 깎곤 했다. 나에게는 이별을 맞이하는 하나의 경건한 의식, 그리고 너를 많이 사랑했음을 고백하는 행위. 그렇게 손톱을 깎아낼 때면, 나는 여전히 그 의식이 처음 시작되었던 나의 땅 별, 포카라를 떠올리곤 한다.

별이 되고 싶다.

하지만 먼 곳에서 홀로 빛나 우러러보아야 하는 별보다는

당신의 아주 가까운 곳에서 반짝이는,

그러다 언제고 당신의 손에 닿을 수 있는,

그런 땅 별이 되고 싶다.

그러니 그대여,

부디 하늘만 올려다보다

그대 옆에서 반짝이고 있는 나를 놓치지 말기를.

그리고 나 또한,

내 옆에 반짝이는 수많은 땅 별을 놓치지 않기를.

#15
"네가 너무
작아서 그래"

사실 처음부터 이집트에 갈 계획은 없었다. 이십칠 년을 살며 형성된 이집트의 이미지는 테러, 사기, 범죄 등 각종 위험한 단어들의 집합체였으니까. 하지만 석 달째 여행을 하며 내가 가진 이미지의 많은 부분이 편견이었음을 깨달았고, 그 편견이 깨지는 순간의 짜릿함을 알아버린 나는 조금 더 편견에 부딪혀보고 싶었다. 그 생각을 처음 한 것은 인도 바라나시에서 고라크푸르(고락푸르)로 향하는 기차에서였다. 그냥 문득, 그런 생각이 들었다.

'이집트를 한번 가볼까?'

그렇게 아주 충동적으로 이집트행 비행기 표를 '질렀'지만, 그런 뒤에 후회하지 않았다면 거짓말이다. 포카라에서 만난 이들은 다음에 이집트로 갈 거라는 내게 몸조심하라며 신신당부하곤 했다. '재미있겠다'거나 하는 긍정적인 반응은 단 한 번도 만나지 못한 채, 걱정 어린 말을 계속해서 듣다 보니 괜히 없던 두려움도 생기는 기분이었다. 결국 이집트로 가기 전날 새벽까지도 나는 굳이 이집트의 테러 기사들을 찾아 읽으며 비행기 표를 취소할지 말지 수백 번 고민했다.

'잠깐, 나 생명보험은 들었던가?'

그렇게 거의 밤을 새우다시피 한 채 조금 얼떨떨한 기분으로 난생처음 이집트 땅을 밟았다. 도착한 곳은 알렉산드리아 외곽에 있는 보르그 엘 아랍 공항. 며칠 전 이집트 공항에서 혼자 온 동양인 여행자에게 각종 이유를 들먹이며 돈을 뜯어낸다는 소문을 들었기에, 나는 경계심을 늦추지 않은 채 사람들을 따라갔다.

그때였다. 입국 심사를 위해 줄을 서려던 나를 공항 보안요원으로 보이는, 매서운 표정의 한 여자가 불렀다. 그녀는 내 여권을 훑어보더니 자신을 따라오란다.

"Why?"

내 말을 못 들은 건지, 못 들은 척하는 건지 아무 말이 없다. 다른 사람들은 다 여기 줄 서서 도착 비자를 받고 있는데 굳이 왜 나만……? 인터넷에서 본 소문이 현실이 된 것이 분명했다. 그게 아니라면 내 여권에 문제라도 있는 건가? 어떡하지? 심장이 쿵쿵 요동치기 시작했다. 하지만 별다른 도리가 없었기에 두 손을 꼭 맞잡은 채 그녀를 따라갔다. 그곳은 작은 사무실이었다.

그녀는 나에게 체류 기간, 체류 목적 등 몇 가지 정보를 묻더니, 생각보다 쉽게 도착 비자를 내주었다. 내가 오해했었나 싶던 차에, 그녀가 질문 공세를 펼치기 시작했다. 혼자 왔니? 숙소는 예약했어? 시내로 가는 법은 알아? 택시는 예약했어? 그럼 그렇지! 그동안의 여행 경험으로 미루어볼 때 사기를 치기 위한 초반 작업(밑밥)임이 분명했다. 나는 이럴 때의 대처법을 아주 잘 알고 있다. 여지를 주지 않는 아주 짧고 퉁명스러운 대답을 하는 것이다.

"응."
"아니."

"아니."

　하지만 숙소나 택시는커녕 시내로 가는 방법조차 알아두지 않은 내가 계속해서 아니라는 답변만 내놓자, 그녀는 씩 웃더니 "내가 도와줄까?"라고 묻는다. 이제 도와주는 척하며 돈을 뜯겠지. 너무도 뻔한 수법이었다. 어떻게 해야 이 수법에 말려들지 않을 수 있을까…… 입을 다문 채 망설이고 있자 그녀가 고개를 갸우뚱하며 휴대폰을 꺼냈다.

　그녀는 택시와 유사한 형태의 교통편을 예약하는 우버 앱을 켜고는 시내로 가는 차를 호출해 내게 보여주었다. 그리고 말했다. "이 공항이 알렉산드리아 시내랑 꽤 먼 데다 마땅한 버스도 없어서 택시를 불러야 해. 그리고 우버를 부르는 편이 제일 저렴하고."

　그녀의 말이 끝나자마자 우버 기사가 매칭되었다(우리나라의 카카오 택시 앱과 같은 시스템이다). 그녀는 기사가 곧 도착한다며, 밖에 줄이 기니까 자기를 따라오라고 했다.

　그녀는 길게 늘어선 입국 심사 줄 대신 직원 전용 통로로 나를 데려갔다. 그녀가 몇 마디 건네자 직원들은 나를 그냥 내보내 주었다. 이거 불법 아냐? 이래도 돼? 생전 들어본 적도 없는 공항 프리패스였다. 나는 얼떨떨한 상태로 따라가면서도 그녀가 나중에 돈을 요구할 것이라 확신하며, 괜히 돈을 넣어둔 복대를 만지작거렸다.

그녀는 나를 공항 입구, 우버 택시가 있는 곳까지 데려갔다. 그리고 나를 꼬옥 끌어안으며 조심히 여행하라고 신신당부하더니, 귓속말로 "혹시 택시 기사가 150파운드 이상을 요구하면 절대 주지 마"라고 속삭였다. 그렇게 얼떨결에 인사를 마치고 차에 타려는 나를 그녀가 다시 한 번 불렀다. "메이!" 그러고는 자신의 이름과 연락처가 담긴 쪽지를 건넸다. "혹시 무슨 일이 생기면 연락해!"

그게 끝이었다. 나는 그녀로부터 어떠한 사기도, 금품 요구도 당하지 않고 시내로 향했다. 곰곰 생각해 보니 그녀의 모든 질문은 혼자 온 여행자를 도와주려는 아주 친절한 말들뿐이었다. 그저 나 혼자 편견에 사로잡혀 그녀가 사기꾼이라 굳게 믿은 거다. 미안하면서도 이상한 기분이 들었다. 편견을 깨고 싶어 이곳에 왔으면서 내가 만난 첫 이집트인이자, 이 땅에서 처음으로 내게 친절을 베풀어준 이를 끝까지 믿지 못했다. 그래서 진심으로 고맙단 말 한마디 못 한 내가 너무도 한심했다. 하지만 한편으로는 왜 그 수많은 사람들 중 나한테만 그런 호의를 베풀었을까 하는 의아함이 남았다.

그때였다. 우버 기사의 휴대폰이 울렸다. 기사는 전화를 받고 몇 마디 나누더니 내게 휴대폰을 건넸다(참고로 우버로 택시를 호출할 경우 기사의 전화번호를 알 수 있다). 그녀는 마치 엄마가 잔소리를 하듯, 가는 길에 구글 GPS로 제대로 가고 있는지 꼭 확인하고, 길을 벗어나거든 어떻게든 자기한테 연락하라는 둥, 가방 잘 챙겨서 내리라는 둥 아까 못 다 한 걱정들을 쏟아냈다. 그러고는 마지막으로 덧붙였다.

"네가 너무 작아서 걱정이 돼서 그래."

순간 나의 이집트는 아주 따뜻한 나라로 변했다. 이십칠 년 동안 차곡차곡 쌓아온 이 넓은 땅덩이에 대한 이미지가 처음 만난 그녀로 인해 완전히 뒤바뀐 것이다. 내가 원했던 짜릿함이 온몸을 휩쓰는 순간이었다. 사실 처음부터 그녀가 단순한 호의로 접근했던 것인지, 그렇게 걱정할 만큼 가는 길이 위험했던 것인지는 여전히 모를 일이다. 하지만 분명한 것은 '작은 내가 걱정이 된다는 진심 어린 그녀의 말 한마디'에 이 땅에 대한 모든 편견이 완전히 녹아내렸다는 사실이다. 그래, 결국은 사람이었다.

    전화를 끊고, 두려움이 사라진 나는 우버 기사에게 창문을 조금만 내려도 되겠냐고 물었다. 그리고 차창 밖에서 불어오는 바람을 느끼며 처음 만나는 이집트를 그 모습 그대로 두 눈에 가득 담기 시작했다. 어떤 편견도 없이 말이다. 그리고 어쩐지 이곳과 사랑에 빠질 수 있을 것 같다는 생각이 들었다.

여행자에게 세상은 마냥 아름답지만은 않다.

그래서 여행에서든 일상에서든 여전히

모두의 손을 덥석 잡을 수는 없다.

하지만 이제는 두려움에 눈을 감아버리기보다

마주 선 이의 눈동자를 똑바로,

찬찬히

바라보곤 한다.

그렇게 찬찬히 상대를 바라보다,

문득 내 마음이 그에게 한 발 다가선다면

한 치의 망설임 없이 그 손을 꼭 잡는 거다.

그 순간 온 세상이 따뜻해지는 기분을

당신도 꼭 알게 되기를.

D+101 이집트, **다합** ●━━━━━━━

#16

아날로그

여행의 시작

모든 사고는 긴장이 풀리는 찰나에 발생한다. 이집트의 어느 무더운 여름밤, 일상이 된 곳을 또다시 떠나던 날이었다.

이집트 다합은 홍해를 끼고 있어 다이버들의 천국이라 불리는, 아주 작은 도시다. 그래서 "다이빙 갈래?"는 그곳에서 아주 흔한 인사말이다. 바닷가에 줄지어 있는 레스토랑이나 작은 카페에서 음료 한잔을 마시다 짐을 던져두고, 바로 깊은 바다 속으로 들어가 스쿠버다이빙을 즐기는 일이 일상이었다. 신기한 것은 도난이 빈번한 수많은 여행지와는 달리, 휴대폰을 던져둔 채 다이빙을 즐기고 나와도 잃어버리는 일이 거의 없다는 점이다. 나는 그곳에서 2주 조금 넘게 머물며, 여행 중이라는 것도 잊은 채 완전히 풀어져 버렸다.

'블랙홀.'

대부분의 여행자들이 다합을 그렇게 부른다. 실제로 그곳에서는 '비행기 표를 찢는다'(=떠나기 싫어 이미 끊어둔 비행기 티켓을 버린다)라는 말을 심심치 않게 들을 수 있다. 그만큼 꿀 같은 다합의 일상은 수많은 여행자들의 발목을 붙잡곤 한다. 나 역시 비행기 표를 찢을 것인가 말 것인가 수없이 고민했지만, 나를 붙잡는 다합 못지않게 어서 오라는 사하라사막의 손짓도 강렬했기에 보름달이 밝게 빛나던 날, 결국 그곳을 떠났다.

모로코행 비행기를 타기 위해서는 먼저 이집트의 수도인 카이로로 가야 했는데, 다합에서 카이로는 야간 버스로 아홉 시간에서 열 시간이 걸린다. 그날은 다행히 옆자리가 비어 있어 새우처럼 몸을 웅크리고 누웠다. 버스 안은 한밤중이었고, 어차피 중간에 정차하는 곳도 없는 터라 나는 별 생각 없이 휴대폰을 꺼내둔 채 보조 배터리에 연결해 두었다. 그리고 잠시 눈을 붙였다.

눈을 뜬 것은 웅성대는 소리와 함께 머리맡으로 몇 차례 옷깃이 스쳐 지나가는 것을 느꼈을 때였다. 커튼을 살짝 들추니 차창 가득 햇살이 들어온다. 굉장히 익숙한 그림이었다. 눈을 감았다 뜨니 금세 열 시간이 지나 있었던 것이다. 버스는 이미 목적지인 카이로 터미널에 정차해 있었다. 아무 데서나 잘 자는 내게 이런 일은 흔했지만, 도착할 때까지 한 번도 안 깨고 잘 거라곤 생각하지 못했기에 조금 당황스러운 기분으로 눈을 비볐다. 둘러보니 승객의 반 이상은 이미 내렸고, 나머지는 가방을 챙기고 있었다.

그제야 정신을 차리고 주섬주섬 짐을 챙기는데, 뭔가 이상하다. 휴대폰이 사라진 것이다. 분명히 보조 배터리에 연결해 좌석 앞주머니 깊숙이 꽂아두었는데, 배터리만 남고 나의 아이폰은 어디에도 보이지 않는다. 남 일로만 생각했던 도난 사고를 처음 경험하는 순간이었다. 잠시 멍한 채로 있다가 이내 정신을 차리고 대학생쯤으로 보이는 이집트 여성에게 도움을 청했다. 그녀는 아이폰을 들고 있었고, 아이폰 찾기 기능을 통해 내 휴대폰을 찾아주겠다고 했다.

뚜- 뚜- 뚜-

사실 휴대폰이 사라진 순간부터 예견된 결과였는지 모른다. 휴대폰은 꺼져 있어 위치를 확인할 수 없었다. '사례를 할 테니 제발 휴대폰을 돌려주세요.' 최대한 간절한 문장을 눌러 담아 메시지를 보냈지만, 그녀는 아마 찾을 수 없을 거라고 말했다. 버스 회사에 이야기해 보아도, 주변에 있던 경찰에게 사정해 봐도 고개만 절레절레 흔들 뿐이다.

이미 예매해 둔 모로코행 비행기를 타려면 더는 지체할 시간이 없었다. 찾을 수 있을지 없을지도 모르는 휴대폰 때문에 계속해서 이 무심한 경찰에게 하소연을 할지, 아니면 빨리 포기하고 공항으로 갈지 선택을 해야 했다. 나는 머리가 멍해져서 휴대폰을 꺼내두었던 열 시간 전으로 되돌아갈 수 있기만을 간절히 빌었지만, 달라지는 것은 없었다. 결국 내가 고민하는 동안 고맙게도 가만히 옆에서 기다려준 그녀에게 말했다.

"나는 모로코로 갈게. 도와줘서 정말 고마워."

쿨한 척 말을 내뱉었지만 사실 눈앞이 캄캄했다. 모로코를 비롯해 앞으로의 여행지에 대한 정보, 휴대폰으로 찍었던 여행지 사진들, 여행 중 만난 인연들의 연락처, 가장 소중한 일기…… 모든 것이 그 휴대폰 안에 있었고, 무엇보다 백업 같은 걸 잘 하는 성격이 아니었던 나다. 그리고 휴대폰을 새로 살 만한 여윳돈도 없었기에, 앞으로는 휴대폰 없이 여행하는 수밖에 없었다. 초등학교 6학년 이후로 한 번도 휴대폰을 놓아본 적 없던 나, 정말 괜찮을까? 나는 택시를 타고 공항으로 가는 내내 괜찮다고 체념하다가 이내 머리를 쥐어뜯기를 반복했다.

별 탈 없이 비행기에 올랐다. 저렴한 항공권인 탓에 모로코에 도착하기 전, 한 번의 경유가 있었다. 다만 예약할 때 경유지까지 꼼꼼히 보진 않았기에, 비행기에서 내리면서도 내가 밟는 이 땅이 어느 나라인지 도무지 알 수가 없었다. 티켓에는 그저 'TUN'이라고 쓰여 있을 뿐이었다.

사람들을 따라 환승 대기실로 가서 앉아 있는데, 주변에는 검은 피부를 가진 이들이 가득했다. 히잡의 물결을 벗어난 낯선 풍경. 내가 지금 아프리카에 있는 건 확실한데 정확히 어디인지는 좀처럼 감이 오지 않았다. 주변을 둘러봐도 나라 이름 같은 건 쓰여 있지 않았다.

대체 TUN이 어디지?

세상에! 내가 지금 어느 나라에 있는지도 모르다니!

나는 이 상황이 어처구니가 없어 웃음이 났다. 그렇게 웃다 보니 어쩐지 휴대폰을 잃고 막막했던 마음이 사라져 버렸다. 아주 재미있는 미션 하나를 부여받은 듯했다. 그러고 보니 비행기를 기다리며 사람과 창밖 풍경, 그리고 벽면 하나하나를 이렇게 열심히 눈에 담아본 게 아주, 정말 아주 오랜만이었다. 여행이 익숙해진 이후 공항 대합실에서는 늘 와이파이를 연결하려 애쓰며 휴대폰만 붙잡고 있던 나다. 거기에 귀를 막는 이어폰은 덤.

점점 여행에 익숙해 가는 내게 누군가가 '아직은 그럴 때가 아니야. 너는 조금 더 봐야 해'라며 나의 이정표를 살짝 틀어둔 듯했다. 여행의 2막인 걸까. 아무런 정보도 남지 않은 지금, 당장 오늘이, 그리고 내일이 어떻게 흘러갈지 알 수 없다는 데서 찾아오는 이 불안함과 낯선 느낌이 나는 은근히 반가웠다.

배낭 깊숙한 곳에 둔 채, 꽤 오래 꺼내지 않았던 작은 초록색 수첩과 펜을 꺼냈다. 그저 휴대폰 몇 번 톡- 톡- 두드리면 그만이기에 한동안 잊고 있던, 오랜만에 만지는 낡은 수첩의 촉감. 나는 그 수첩 위에 오늘의 이야기를 꾹꾹 눌러 적었다. 그리고 잠시 후 옆자리에 앉은 회사원으로 보이는 이에게 물었다.

"여기가 어디예요?"
"여기? 공항이지!"
"아뇨, 그러니까 제 말은…… 여기가 무슨 나라예요?"

그의 얼굴에 당황스러움이 가득 묻어났다.

"응……? 여기는 튀니스(튀니지의 수도)야."
"네? 튀니스요?"
"그래, 튀니스."

그의 입에서 튀어나온 낯선 이름, 전혀 예상치 못한 곳이었다. 나는 그 낯섦을 몇 번 더 되뇌었다.

"튀니스…… 튀니스…… 내가 여기에 있군요. 튀니스!!!"

한국으로 돌아와서도 나는 약 한 달쯤 휴대폰 없이 시간을 보냈다. 물론 굉장한 불편이 뒤따랐다. 클릭 한 번 대신 삼십 분 거리의 은행을 다녀와야 했으며, 길을 잃어버려 빙빙 돌기도 부지기수였다. 비즈니스는 아예 불가능에 가까웠고, 무엇보다 나의 가족들이 더 불편해했다.

"알았어요, 알았어. 역시 사람은 속도에 맞춰 살아야 해."

하지만 그렇게 말하면서도 나는 가끔, 아니 종종, 모퉁이가 죄다 찢어진 나의 낡은 지도를 만지작거리곤 한다. 그것을 보고 있노라면 내가 두 눈 가득 담아온 길 위의 모든 것들 – 벽화, 담장, 표지판, 간판, 횡단보도 따위 – 이 여전히 눈에 선하다. 휴대폰을 내려놓으니 비로소 보였던 것들 말이다.

#17
어린 왕자는 없었다

사하라사막은 '내가 여행을 시작한 이유'였다. 마음이 꼭 바싹 말라붙은 낙엽 같아, 누군가의 작은 발짓에도 쉽게 바스라지곤 하던 때에, 우연히 사하라사막에서 한 여자가 환히 웃고 있는 사진을 보게 됐다. 그녀의 웃음에는 순도 100퍼센트의 행복이 담겨 있었다.

'와, 이건 진짜 진심으로 행복한 미소다!'

그 순간 왈칵 눈물이 났다. 나는 그날 긴 시간 외면해 온 내 마음을 돌아보기로 결심했고, 그 결심은 내가 결국 여기까지

오게 만들어주었다.

　그렇게 사하라사막은 내게 꿈이 되었다. 그곳이 내 인생 첫 사막이길 바라는 마음에, 베트남에서도 인도에서도 남들 다 가는 사막 한 번을 가지 않았다. 그렇게 사하라사막이 있는 메르조가(메르주가)로 향하는 밤 버스에서 나는 그곳을 배경으로 한 『어린 왕자』를 읽고, 또 읽었다. 그러면서 나 역시 이곳에서 어린 왕자를 만나게 되리라 확신했다. 그렇게 잠들지 못한 채 어린 왕자와 조종사의 이별이 세 번쯤 반복됐을 즈음, 날이 밝아왔다.

숙소에 도착해 짐을 푼 후, 나는 곧바로 작은 천 배낭 하나 둘러메고 혼자 사막으로 향했다. 내가 있던 하실라비드에서는 세계 3대 사막 중 하나인 사하라사막을 무려 도보로 쉽게 접근할 수 있었다. 사막으로 향하는 길에는 작은 나무들이 마치 사막의 문처럼 줄지어 있었는데, 나는 그곳을 지날 때 머리를 빗어주는 앉은뱅이 나무들조차 좋았다. 나무들을 지나쳐 조금 더 걷다 보니 햇살 가득 머금은 주황빛 고운 모래가 펼쳐졌다. 꿈에 그리던 모습 그대로였다. 가슴속에서 무언가 뜨거운 것이 울컥하며 올라왔다. 나는 그대로 삼십 분을 쉬지 않고 걸었다. 무너져 버릴 것 같은 순간이 찾아올 때마다 이곳을 걷는 내 모습을 얼마나 그려왔던가. 또 그 마음이 얼마나 간절했던가.

뜨거운 바람이 한 번씩 불어올 때마다 입안에 모래가 씹혔고, 발은 자꾸만 푹푹 파묻혀 한 발을 내딛기가 힘들었지만, 그래도 계속 걸었다. 그러다 근처에 가장 높아 보이는 모래언

덕을 발견하고 오르기 시작했다. 하지만 가파른 경사와 고운 모래 탓에 발은 자꾸만 아래로 미끄러져 내렸다. 나는 신발을 벗어 양손에 낀 채 네 발로 온 힘을 다해 기어 올라갔다. 대체 내가 왜 이렇게까지 하고 있는지 모르겠지만, 그냥…… 꿈의 그곳을 제대로 마주하기 위해선 이렇게라도 해야만 할 것 같았다.

마침내 언덕 위에 올라 뒤를 돌아보았다. 그곳에는 오직 내 발자국뿐이었는데, 바람이 몇 차례 스치고 나니 그조차 스르르 사라져 버렸다. 그곳에는 바람 소리와 내 숨소리만이 가득했다. 세상에 나 혼자 존재하는 것만 같았다. 지구상에 이보다 더 고독한 곳이 있을까? 늘 나를 흔드는 것과 지탱하는 것은 고독함이었기에, 그것을 온몸으로, 바닥까지 느껴내고 싶었다. 몸 안 어딘가에서 새로운 감각이 피어나는 듯한 간질거림이 느껴졌다. 그렇게 나는 한참 동안이나 그곳에 앉아 서서히 해가 지고, 사막이 붉게 물드는 모습을 보고 나서야 숙소로 돌아왔다.

말 그대로 내가 꿈꾸던 사막이었다. 참으로 완벽한 꿈이었다. 하지만 그 꿈은 그리 오래가지 않았다. 삶은 마냥 꿈같을 수 없기에.

감동으로 가득했던 첫날이 지나고, 시간이 흐름에 따라 점차 그곳은 나의 새로운 일상으로, 하나의 생활 터전으로 변해갔다. 그곳이 일상이 되고 나니 꿈에 덮여 보이지 않던 것들이 보이기 시작했다.

우선 지독히도 더웠다. 방에 에어컨이 없어 창문을 열어두면 온 방이 모랫더미가 되곤 했다. 내 방에는 원래 이곳의 주인인 듯한 도마뱀 한 마리와 나방을 닮은 곤충들이 살고 있었는데, 나는 해질 무렵 사막을 걸으러 갈 때를 제외하고는 대체로 그들 옆에 축 늘어져 있곤 했다. 게다가 참으로 변덕스러운 날씨의 연속이었다. 사막에 가면 누구나 아름다운 별을 볼 수 있을 거라고? 웃기는 소리다. 처음 며칠은 서울보다도 깜깜한 밤하늘만 쳐다봐야 했다.

결정적으로 이곳에 대한 환상이 깨졌던 것은, 숙소에서 친해진 이들과 함께 간 사막 투어에서다. 낙타를 타고 사막 깊은 곳으로 들어가 하룻밤 묵으며 일몰, 별, 일출 등을 즐기는 투어인데, 대체로 수많은 여행자의 로망이자 소위 '인생 숏'을 건져 오는 투어로 불린다. 하지만 내가 겪은 사막 투어는 그저 아수라장이었다. 일몰을 보러 갈 때쯤부터 비바람이 불어닥쳤

02 때때로 괜찮지 않았지만, 그래도 괜찮았어

다. 그 바람에는 모래도 한가득이었기에 우리는 도무지 눈을 뜨고 걸을 수조차 없었다. 그리고 사방이 먹구름으로 가득해 그 아름답다는 깊은 사막의 일몰, 일출은커녕 해가 어느 쪽에 있는지도 알 수 없었다. 계속해서 비바람에 시달리던 우리는 촬영이고 뭐고, 일찌감치 포기하고 돌아와 입안 가득한 모래만 계속해서 뱉어내야 했다. 풰, 어린 왕자? 그런 건 없었다.

하지만 그럼에도 내가 사하라를 사랑했던 이유는, 다름 아닌 그곳의 '밀당' 때문이었다. 불편한 현실 속에서 가끔 맞닥뜨리는 선물이라고 해야 할까. 깜깜한 밤하늘에 잔뜩 실망하고 있노라면 그다음 날에는 어김없이 별똥별을 선물했고, 혼자 걸은 세 번의 사막은 모두 다른 색을 띠고 있었다. 투어를 떠나던 날도 그랬다. 밤이 깊어져도 별이 거의 없어 한참을 실망하고 있다가 텐트에 들어가려던 때, 누군가 외쳤다.

"하늘 좀 봐!"

구름이 빠른 속도로 걷히고 있었다. 우리는 다시 발걸음을 멈추고 가만히 기다렸다. 그랬더니 금세 무수한 별들의 향연에, 은하수까지 펼쳐지는 게 아닌가!

또 하루는 방이 너무 더워서 도무지 잠이 오지 않던 밤, 침낭 하나 들고 이 층에 있는 넓은 발코니에 홀로 누워 그리 많지 않은 별을 가만히 세고 있었다. 그러다 곧 잠이 들 것 같아 천천히 눈을 껌뻑이던 무렵이었다. 별똥별 하나가 빠르게 떨어졌다. 나는 눈을 감고 소원을 빌었다. 그러다 스르르 잠이 들었다. 그렇게 나는 내 생애 가장 따뜻한 천장 아래서 깊은 잠에 빠졌다. 물론 다음 날 아침, 얼굴은 온통 모래 범벅이었지만 말이다.

이렇게 아무것도 없는 작은 사막 마을에서 나는 딱 여덟 밤을 보냈다. 그 일상 속에서 나의 순수한 꿈, 어린 왕자는 만날 수 없었다. 황량한 그곳에는 견뎌내야 할 것들투성이였다. 그렇게 처음 이상을 걷어내고 현실을 마주했을 때 실망하지 않았다면 거짓말이다. 하지만 더 분명한 건 짧게, 꿈같은 모습만을 보고 떠난 게 아니라 이곳의 현실을 머금을 수 있어서 참 다행이라는 거다. 그래야 널 진짜 사랑한다고 말할 수 있을 테니.

어쩌면 단순한 환상 속에 살았던 것이 아니었기에, 있는 그대로의 그곳을 더 사랑하게 되었는지도 모르겠다.

대체로 진짜 사랑은

환상이 깨지는 순간부터 시작된다.

#18
여행 꼰대

그동안 거쳐온 다른 여행지와는 달리 바르셀로나에는 한국인 관광객이 굉장히 많았다. 햇볕이 아주 따스했던 날, 나는 카테드랄(바르셀로나 대성당) 근처의 어느 돌 의자에 앉아 감자칩을 먹고 있었다. 작은 페트병에 담아 들고 다니던 상그리아는 덤. 그렇게 여유로운 오후를 보내며 바쁘게 오가는 관광객들을 가만히 바라보고 있는데, 문득 눈에 익은 얼굴이 보인다.

어제 구엘 공원에서 마주쳤던 커플이다. 사람 얼굴을 잘 기억하지 못하는 편이지만, 급하게 들어와 공원을 둘러볼 겨를도 없이 일부 포인트에서 서로의 사진만 부랴부랴 남기고 급하게 떠나가는 그들의 모습이 눈에 띄어 분명히 기억하고 있었다. 그들은 대성당 입구에서도 마찬가지로 서로의 사진을 찍더니 안으로 들어갔다. 나는 다시 감자칩으로 시선을 돌려, 얼마 남지 않은 것을 보며 안타까워하고 있었다. 그런데 일 분도 채 지나지 않았을 때였다. 방금 전 들어갔던 커플이 밖으로 나오는 모습이 보였다. 그리고 그들은 또다시 새로운 곳을 향해 사라져 버렸다.

'대체 인증 숏을 남기러 온 거야, 여행을 하러 온 거야?'

물론 빼곡하고 촉박한 일정 속에서 기념사진을 최대한 많이 남기고 싶었을지 모른다. 하지만 나는 여행의 본질이 흐려지는 듯한 모습을 마냥 좋은 시선으로 볼 수만은 없었다. 내 경우 정말 좋은 여행지에서는 카메라를 들 수조차 없던데 말이다. 나는 고개를 절레절레 흔들며 얼마 남지 않은 감자칩을 입에 털어 넣었다.

그러다 잠시 멈칫. 순간 고개를 내젓는 몇몇 뿌연 얼굴과 그 뿌연 얼굴이 내뱉은 말들이 머릿속을 스쳤다.

"단체? 패키지? 그건 여행이라고 할 수 없지."

"혼자 여행 한 번 해보지 않고, 여행 좀 해봤다고 말할 순 없지."

"이곳을 가보지 않고는 이 나라를 여행했다고 말하면 안 돼."

"가이드나 포터와 함께했다면 히말라야 트레킹 제대로 해본 게 아니지."

"고작 동남아 가면서 무섭다니…… 모르고 하는 소리지."

그간 여행 경험이 많은 장기 여행자를 무수히 만났다. 그리고 그중 몇몇에게 나는 이유 모를 불편함을 느끼곤 했다. 그 말이 나를 향한 게 아니었는데도 말이다. 그럴 때면 단순한 가치관 차이라 생각하며 조심스럽게 그 자리를 피하곤 했는데, 그 불편함을 뭐라 정확히 정의할 수는 없었다. 그런데 오늘 문득 그 불편의 이름이 떠오른 거다.

여행 꼰대.
여행 꼰대질이었다.

꼰대가 별건가. 나보다 경험이 적은 이의 생각과 행동을 하찮게 여기고, 자신의 생각만이 옳다 여기는 자기중심적 사고. 그 꼰대 정신이 여행에도 분명히 존재했던 거다. 조금 더 경험이 많다 해서 타인의 여행 스타일을 존중하지 않고, 그것을 '제대로 된 여행이 아니라' 치부해 버리는 것. 그게 바로 여행 꼰대였고, 나를 불편하게 만들었던 미묘한 순간들의 이름이었다. 그리고 방금 전, 나 또한 여행 꼰대였던 것이다.

모든 사람의 여행 스타일은 각기 다르다. '이게 여행이다, 아니다'를 정의할 수 있는 사람은 아무도 없다. 그저 각자 다른 곳에서 자기만의 즐거움을 찾으면 그만인 거다. 누군가에게는 가이드를 열심히 따라다니며 이야기를 듣는 것이, 누군가에게는 혼자 모든 것을 헤쳐 나가는 것이, 누군가에게는 많은 기록을 남기는 것이 최고의 여행일지 모른다. 그 장소가

지구 반대편 남미든, 가까운 동남아든, 심지어는 내 집 안방이든 말이다. 혹여 그가 나중에 '그때 그런 식으로 여행하지 말걸. 내가 왜 그때 그렇게 여행했을까?'라고 후회한다 한들, 그렇게 말할 수 있는 사람은 오직 그 자신뿐이다. 그저 우리 모두는 여행자이고, 여행자를 옳다 그르다 판단할 수 있는 기준은 현지법을 제외하고는 아무것도 없다.

생각해 보면 여행 꼰대가 되지 않는 법은 의외로 간단하다. 그저 타인이 즐기는 방식을 있는 그대로 존중하고 인정하는 것, 그뿐이다. 그 순간 '왜 저렇게 여행을 하지?'라며 고개를 젓던 내 불편함도 사라질 테고, 내 꼰대질로 인한 누군가의 불편함도 사라질 테지.

나는 오늘 깨달은 그 단어를 일기장에 꾹꾹 눌러 적었다.

여행 꼰대가 되는 것을 조심할 것.

그대의 여행을 빛내줄 비밀 둘 :
'때로는'의 마법

    우리는 완벽한 이방인이다. 그렇기에 기존에 만들어둔 굴레에서 조금은 벗어나도 좋다. 늘 다른 이의 시선을 신경 쓰던 이가 무대에 올라가 아무도 보지 않는 듯 춤을 춰도, 항상 사람들 틈에서 분위기 메이커 노릇을 하던 이가 홀로 감성에 빠져 하루 종일 단 한 마디 하지 않아도, 누구 하나 뭐라 할 이 없다. 지금, 당신의 이름은 여행자니까.

여행자라는 이름하에 우린 '때로는'의 마법을 만끽해 볼 필요가 있다. 그 '때로는'이라는 녀석은 당신의 여행을 한층 더 풍성하게 만들어줄 것이다.

'때로는' 잘 입지 않던 스타일의 옷을 입어본다. 난생처음 노출이 있는 옷을 입어봐도 좋고, 늘 입던 정장 스타일 대신 다 찢어진 청바지를, 혹은 캐주얼만 즐겨왔다면 공주풍의 드레스를 입어봐도 좋다.

'때로는' 접해본 적 없는 장르의 음악을 들어본다. 록도 좋고 클래식도 좋다. 그 음악 속 세계에서 지금, 당신이 주인공이다. 신이 나면 못 추는 춤을 덩실거려도 좋다. 마치 뮤지컬 속 여배우가 된 듯 고개를 높이 들고 당당한 워킹을 해봐도 좋다. 클래식한 음악에 맞춰 조금 잔잔한 내가 되어봐도 좋다.

'때로는' 휴대폰을 내려놓은, 완벽하게 아날로그적인 여행

을 즐겨본다. 당신이 몇 번이나 지나온 그 길의 이름을 알고
있는가? 그 길 위에 과일 장수 아주머니가 어떤 표정을 짓고
있는지, 어떤 모양의 건물에서 방향을 틀어야 하는지는? 메모
하고 싶은 게 있다면 수첩을 꺼내자. 사진으로 담고 싶은 게
있어도 오늘만큼은 두 눈 가득히, 온몸으로 담아보자.

그렇게 '때로는' 낯선 내가 되어보는 일. 사실 여행은 거기 서부터 시작이다. 그래서 우리의 생각보다 여행은 아주 가까 이에 있다. 왜냐고? 당장 평소에 입지 않고 꼭꼭 숨겨둔 그 옷 을 꺼내 입고 밖으로 나가, 평소 듣지 않던 노래에 심취해 평 소 걷지 않던 낯선 길로 뛰어든다면 오늘, 그대 역시 여행자 일 테니.

돌아가도,
별은 계속 빛날 거야

문득 내가 살던 곳에 대한 그리움이 차오르는 날이면,
계속 떠나기를 원하면서도
그 먹먹함이 목 끝까지 차오를 때면,
난 그 파도를 온몸으로 맞아내곤 했다.
그리운 날은 그리워했고, 외로운 날은 외로워했다.
그것이 내 여행을 충실히 느끼는 방법이었다.

D+134 **산티아고 데 콤포스텔라 순례길**

#19
신이 너를
좋아하나 봐!

누구나 그렇듯, 나 역시 수많은 갈림길을 만나왔다. 그럴 때마다 나는 한참을 서성이다 결국엔 마음이 시키는 길을 가곤 했는데, 가끔은 뒤에서 알 수 없는 누군가가 외치는 소리를 듣기도 했다.

"틀렸어! 저쪽이야 바보야!"

03 돌아가도, 별은 계속 빛날 거야

항상은 아니었지만, 때때로 되돌아가기도 했다. 가던 길을 계속 걷든, 왔던 길로 되돌아가든 그 선택의 결과는 늘 내 몫이었다. 그렇게 스무 살 이후로 끊임없이 수많은 선택지를 두고 고민해 온 나는 난생처음으로 이곳 포르투갈에서 그저 노란 화살표 하나만을 좇아가는 길을 택하기로 했다. 결정 장애를 겪지 않고, 결과를 걱정하지 않아도 되는 유일한 로드, 카미노 데 산티아고Camino de Santiago. 그렇게 나의 산티아고 순례길이 시작되었다.

3일 차 조금 늦은 아침. 알베르게(순례자를 위한 숙소)에서 만난 이들을 다 보내고 나서야 마지막으로 길을 나섰다. 내겐 휴대폰이 없었기에, 순전히 노란 화살표에 모든 것을 의지한 채 길을 걸었다. '화살표'만 따라가면 되는 아주 간단한 길인데도

나는 화살표를 놓쳤다가 또다시 찾기를 한참 반복하다, 나중에는 완전히 길을 잃어버리고 말았다. 사람 한 명 보이지 않는다. 한참을 두리번대다 이내 길 찾기를 포기하고, 무작정 북쪽을 향해 걸어갔다. 방향은 맞으니 걷다 보면 언젠가 길을 찾겠지 하고. 그런데 걸으면 걸을수록 인도가 사라지더니, 어느새 눈앞에는 널찍한 차도가 나타났다. 처음 길을 잃은 지점으로 되돌아가려면 족히 한 시간은 걸어야 할 텐데. 방법이 없었다. 에라, 모르겠다. 무조건 직진!

"어쩌면 이리 멍청할 수 있을까?
단지 화살표만 좇아가면 되는 길조차 잃어버리다니!"

혼자 중얼거리며 알지도 못하는 그 도로를 내리 세 시간 넘게 걸었다. 나 외에 걷는 사람은 한 명도 마주치지 못했다. 참고로 산티아고 순례길에도 우리나라의 제주 올레길처럼 다양한 코스가 있는데, 내가 걷는 이 포르투갈 길은 사람들로 북적이는 프랑스 길과는 달리 굉장히 한적했다. 게다가 틀린 길이었으니 더 말할 것도 없다. 이렇게 가면 마을이 나오기는 하는 건지……. 나는 또다시 시작된 무릎 통증에 걸음을 잠시 멈추고 아무 곳에나 주저앉았다. 그때였다.

"Hola(올라, 스페인어로 안녕)!"

사람이었다. 그것도 순례자의 징표인 조개껍데기를 매달고 있는. 엄마보다 조금 젊어 보이는 나이대의 아주머니 세 명. 너무 반가웠던 나는 그들에게 달려가며 외쳤다.

"올라!!"

내게 처음 인사를 건넨 이의 이름은 애니였다. 또 한 명은 그녀의 여동생, 다른 한 명은 그녀의 친구였으며, 셋은 모두 독일에서 왔다고 했다. 그녀들도 길을 잃어 이 길로 한참을 걸어왔다고. 다행히 조금 더 가서 방향을 틀면 마을이 나온다고 한다. 똑같이 길을 잃었다는 동지애로 금세 '우리'가 된 네 명은 너나없이 다리를 절뚝이면서도 잠시도 말을 멈추지 않았다. 다만 셋 중 애니만 영어를 할 줄 알았기에, 그녀는 끊임없이 통역사 노릇을 해야 했다. 나는 그들에게 세계여행 중이라고 이야기해 주었다. 그러다 아주 우연히 이 길을 걷게 되었다며, 이 길에 대한 내 생각까지 두서없이 장황하게 설명했다. 그때 내 말을 한참 듣고 있던 애니가 대뜸 웃으며 말했다.

"우리는 오늘 고생한 우리 스스로에게 주는 선물로 아주 좋은 숙소에 가서 잘 거야. 그런데 너도 함께 가면 좋겠어. 오늘 너의 숙소부터 식사까지 모든 비용은 내가 낼게."

"아! 아니야, 괜찮아. 그럴 필요 없어."

"그냥 받아. 이건 카미노의 선물이야. 아마 신이 너를 좋아하나 봐!"

Maybe god likes you.

그 마지막 말에 나는 웃으며 호의를 받을 수밖에 없었다. 지금까지 들어본 말들 중 가장 기분 좋은 말이자, 내가 받은 카미노의 첫 번째 서프라이즈 선물이었다.

그런데 애니 일행이 내게 선물한 것은 비단 숙소나 식사뿐만이 아니었다. 가장 큰 선물은 바로 '내가 놓치고 있던 길'이었다. 그녀들과 함께 걷는 길은 내가 혼자 걷는 것보다 약 두 배 이상의 시간이 소요되었다. 길을 걸으며 애니의 동생은 꽃이 있는 모든 길에서 발걸음을 멈췄다. 애니는 동생을 보고 '소녀 감성'이라며 놀리곤 했지만, 그녀는 아랑곳하지 않고 언제든 멈춰 꽃향기를 맡았다. 얼핏 보면 다 비슷비슷해 보이는 꽃인데도 그녀는 매번 처음 보는 신기한 꽃인 듯 어린아이처럼 신나 했다.

어느 순간부터는 그녀가 멈추면 뒤따라 걷던 나머지 우리 셋도 멈춰서 함께 꽃향기를 맡았다. 어차피 기다려야 했으니까. 그러다 문득 깨달았다. 나는 그녀를 만나기 전까지, 이 길 위의 수많은 꽃을 지나치며 단 한 번도 가까이 다가가서 꽃향기를 맡아보지 않았다는 사실을 말이다. 꽃나무를 보면 "예쁘네" 하고 지나칠 뿐, 단 한 번도 발걸음을 멈추지 않았다.

나의 상사에게 "옆도 살피고, 아래도 내려다보고, 가끔은 뒤도 돌아보고 싶다"고 당당하게 선언하고 떠나온 이 길 위에서 나는 겨우 앞만 보며 걷고 있었던 것이다. 일상에서 늘 그랬듯 말이다. 오늘 그녀를 만나지 않았다면, 아마 나는 이 길이 끝날 때까지 단 한 번도 이 향긋한 꽃향기를 맡지 못했을 것이다.

나는 카미노에게, 그리고 애니의 동생에게서 이번 여행 최고의 선물을 받았다. 내가 가장 바랐던, 길을 즐기는 방법을 알게 된 것이다. 그리고 그것은 곧 오늘을 사랑하는 방법이기도 했다. 내가 걷는 길 곳곳에서 풍겨오는 향기를 놓치지 않는 일 같은 거 말이다. 그날 걷는 내내 길은 내게 말했다.

"봐, 세상에는 아직 네가 봐야 할 예쁜 것들이 너무 많아.

하지만 그전에 네 눈은 준비를 해야 해.

예쁜 것들을 담을 수 있는 준비 말이야.

그래야만 볼 수 있어.

봐, 곳곳이 살아 있는 것들로 가득해.

앞만 보며 걷기에는

네가 사랑해야 할 것들이 너무 많지 않니?"

길을 가다 우연히 이름 모를 꽃향기를 맡게 되는 날이면,

갈대가 바람에 부딪히는 소리가 음악처럼 들려오는 날이면,

우연히 노란색 화살표를 발견하는 날이면,

언제든 어디서든, 오늘로 돌아오겠지.

오늘 이 길 위의 나로.

#20
산티아고에서
나는 조금 울었다

#그녀

그녀를 처음 만난 것은 순례길을 걸은 지 닷새째가 되던 날이었다. 애니 일행이 컨디션 악화로 숙소에서 며칠 쉬어 가기로 한 탓에 나는 다시 혼자 길을 걷고 있었다. 푸른 잔디와 나무가 가득한 길을 걷고 있는데, 한 여자가 나무 그늘에 앉아 아주 큰 개에게 간식을 주고 있는 모습을 발견했다. 그녀의 배낭에는 순례자의 표식인 조개껍데기가 매달려 있었고, 개 역시 낡은 가방을 메고 있는 것으로 보아 순례길을 함께 걷는 듯했다. 나는 그 모습이 예뻐 보여 먼저 인사를 건넸다.

"올라!"

03 돌아가도, 별은 계속 빛날 거야

그녀도 답했다.

"올라!"

#취미는 사랑

그녀를 다시 만난 것은 그로부터 이틀 뒤였다. 순례길 중간
중간에는 순례자가 저렴한 금액에 음료를 마시며 쉴 수 있는
작은 공간이 있는데, 마침 목이 말랐던 나는 그곳의 작은 나무
의자에 자리를 잡고, 레모네이드를 홀짝이고 있었다. 그때 익
숙한 얼굴이 들어왔다. 그녀와 큰 개였다. 그녀는 입구 쪽에
자리를 잡았다. 그러고는 금방 나온 커피 한잔을 마시면서, 요
란하게 장난치는 개를 보며 까르르 웃음을 터뜨리곤 했다.

나는 괜히 기분이 좋아져 그 모습을 바라보고 있었는데,
그 뒤로 한 백발의 할아버지가 들어왔다. 그 역시 순례자임을
한눈에 알 수 있었다. 몹시 허름한 행색의 할아버지는 음료를
주문하지 않고 나무 의자에 앉았는데, 주인아저씨에게 눈짓
하는 것을 보아 그냥 잠시 쉬었다 가려는 모양이었다. 그사이
커피를 다 마신 듯 그녀는 자리에서 일어났다. 나도 마침 일
어나려던 참이라 레모네이드 잔을 간이 카운터로 가져갔다.
그런데 나가려던 그녀가 문득 할아버지에게 물었다.

"커피에 우유 넣어 드세요?"

160

03 돌아가도, 별은 계속 빛날 거야

할아버지는 얼떨떨한 표정으로 고개를 끄덕였다. 그녀는 곧바로 주인아저씨에게 다가가 유로 몇 개를 건네며 말했다.

"밀크커피 한 잔이요. 저 할아버지 거예요."

그러고는 아주 덤덤한 표정으로 유유히 가게를 나섰다. 나는 그녀가 떠난 자리에 시선을 둔 채 한동안 넋을 놓고 있었다. 내가 만약 남자였다면 그녀에게 한눈에 반했을 것이라고 확신했다. 그리고 문득 즐겨 듣던 노랫말이 떠올랐다.

미소가 어울리는 그녀 취미는 사랑이라 하네
얼마나 예뻐 보이는지 그냥 사람 표정인데
몇 잔의 커피값을 아껴 지구 반대편에 보내는
그 맘이 내 못난 맘에 못내 맘에 걸려
또 그만 들여다보게 돼
_ 가을방학, '취미는 사랑' 중에서

외모와 상관없이, 난 그녀가 너무도 예뻤다. 얼른 뒤따라가 인사를 건네며 친해지고 싶었지만, 어쩐지 굳이 그러지 않아도 자연스럽게 다시 만날 수 있을 거라는 생각이 들었다. 빠른 걸음으로 개를 따라가던 그녀는 얼마 지나지 않아 내 시야에서 사라져 버렸다. 하지만 아주 적은 돈으로 가장 풍요로운 삶을 얻는 방법을 배운 나는 그저 그녀와 같은 길 위에 있다는 사실만으로도 충분히 행복했다.

#이건 경쟁이 아닌데

내 예상은 틀리지 않았다. 아흐레째가 되던 날, 과일 가게 앞에서 그녀를 다시 만난 것이다. 순례자 여럿이 과일 가게 앞에 모여 있기에 뭔가 싶어 멈칫하던 내게 누군가 손을 흔들며 외쳤다.

"올라! 여기 과일 엄청 싸!"

그녀였다! 그녀의 말은 사실이었다. 스페인, 포르투갈에서 본 어떤 과일 가게보다도 저렴했던 그곳에서 나는 체리 한 줌과 사과 두 개를 샀다. 과일 봉지를 들고 나오는 내게 그녀가 말했다.

"그렇지?"

"응, 최고야!"

이유는 모르겠다. 과일 가게를 나오면서부터 그전까지 각자 길을 걷던 나와 그녀 ─ 그녀 이름은 클라라였다 ─ 그리고 그곳에서 새로 만난 두 친구(줄리아와 로리)는 처음부터 함께 길을 시작했던 것마냥, 너무도 자연스럽게 나란히 걸었다. 참, 그녀의 개 산초까지! 어떻게 된 영문인지 모르겠지만 정신을

차려보니 우리는 함께 걷고 있었다. 우리는 끊임없이 이야기를 나눴고, 산초의 잦은 재롱에 까르르 웃었다.

우리는 예쁜 곳이 보이면 언제든 발을 멈추고 자리에 앉았다. 한번은 남겨둔 과일을 나눠 먹으며 순례길에 대해 조금 진지한 이야기를 나눴는데, 클라라가 말했다.

"이 길에서 몇 킬로를 가고, 며칠 만에 가는지는 전혀 중요하지 않아. 이건 경쟁이 아니잖아. 중요한 건 이 길을 즐기는 거지. 그런데 많은 사람들이 앞만 보며 조금이라도 더 빨리, 더 많이 걸으려 애쓰는 것 같아. 여기서조차도……. 그러고는 사람들에게 자랑스럽게 얘기하지. '나는 오늘 하루에만 40킬로미터나 걸었다'고. 이건 달리기 게임이 아닌데 말이야."

#이별, 다시 홀로

"이 길이 끝나는 게 너무 아쉬워. 나는 오늘이 카미노의 마지막 날이 되지 않게, 오늘은 조금만 걸어야겠어. 나머지는 내일 걸을래. 너희는 계획대로 해도 좋아."

순례길 열흘째. 클라라는 몹시 아쉬운 표정을 지으며 말했다. 로리와 줄리아는 클라라와 함께하겠다고 했다. 하지만 산티아고에서 다시 바르셀로나로 돌아가는 비행기 표를 예매해 두었던 나는 시간 여유를 위해 오늘 계획대로 걸어야만 했다. 나는 표를 미리 사둔 것을 안타까워하며 그녀들에게 작별을 고했다. 산티아고에서 다시 만나게 될 거라는 막연한 약속을 남긴 채, 나의 마지막 길을 떠났다.

그렇게 혼자 시작한 길을 혼자 마무리하며 길 위에서 만난 많은 것들을 떠올리고, 또 정리하곤 했다. 나만 보면 내 특유의 '히히'거리는 웃음소리를 따라 하며 놀려대던 짓궂은 할아버지 무리, 무슨 사연이 있는지 숨을 쌕쌕대며 몹시 힘들어하면서도 절대 발걸음을 멈추지 않던 할머니, 영어를 못해서 '올라' 외엔 한마디도 통하지 않았지만 오로지 표정과 손짓만으로 밤늦도록 대화를 나누었던 포르투갈 할아버지, 순례길을 걸으며 사업 아이템을 고민한다던 독특한 존과 그의 친구, 그리고 애니 일행까지……. 앞으로 두고두고 많이 그리울, 아니, 사실은 벌써 그리워진 얼굴들을 떠올렸다. 그러다 보니 어느새 산티아고 데 콤포스텔라 대성당에 도착했다.

길이 끝난 거다.

그런데 이상했다. 도착하면 당연히 후련하고 뿌듯할 거라 생각했는데, 무언가 알 수 없는 것들이 차올랐다. 그것은 감동도 벅참도 아니었다. 갑자기 눈물이 날 것 같아 나는 급하게 모자를 깊숙이 눌러썼다. 모자를 눌러쓰자마자 눈물이 터졌다. 나는 그대로 대성당 앞 계단에 쪼그리고 앉았다. 그리고 그곳에서 나는 조금 울었다.

마침내 천천히 차오르는 그것의 의미와 직면했다.

나는 도착이 전혀 기쁘지 않았다.

이 길의 목적지에 도착해서야, 목적지는 아무 의미가 없음을, 중요한 건 이 길을 걷는 과정이었음을 깨달았던 것이다. 오늘 아침 내게 건넨 클라라의 말이 떠올랐다. 그래서 이 길을 끝내고 싶지 않아 했던 거였어! 나는 대체 무슨 계획을 지키기 위해 이 마지막을 재촉했던 걸까. 후회가 밀려왔다.

목표라고 생각했던 것이 사실은 목표가 아니었음을, 마지막에서야 깨닫게 된 나는 참을 수 없는 허탈함에 괴로웠다. 주변에서 갓 도착한 여행자들이 환호하는 소리가 들렸다. 나는 고개를 더 깊이 숙였다. 몇 시간 전까지 함께했던 그녀들이 보고 싶었다. 길 위에서 만난 모든 이들이, 그리고 사실은 길 위를 걷고 있던 그 순간의 내가 가장 그리웠다. 눈물을 닦아내고 자리에서 일어났다. 그리고 이 슬픔을 나눌 수 있는 아는 이 하나 마주치고 싶어 대성당 앞을 한참을 두리번거리며 걸었다. 그렇게 몇 바퀴를 걸었지만, 결국 내가 그리던 어떤 얼굴도 발견하지 못했다.

#길은 끝나지 않았다

순례길을 다 걷고 나면 산티아고 순례자 사무소에서 인증서를 받을 수 있다. 하지만 나는 종착지인 대성당의 인증 도장도, 순례자 인증서도 받지 않았다. 그런 게 다 무슨 의미인가 싶었다. 그러다 다음 날, 마음이 조금 진정되자 늦은 아침을 먹고 순례자 사무소로 향했다. 그때였다.

"메이!"

"헤이~ 메이!"

잔뜩 들뜬 여러 명의 목소리가 조금 멀리서 들려왔다. 그러나 목소리만 들어도 알 수 있었다. 클라라, 로리, 그리고 줄리아. 나는 울컥하는 마음을 애써 누르며 달려갔다. 우리는 한참을 얼싸안고 펄쩍펄쩍 뛰었다. 그녀들이 오늘 도착하자마자 바로 이 사무소에 온 덕분에 운 좋게 마주친 것이다. 우리는 함께 인증서를 받고, 대성당 근처의 레스토랑으로 향했다. 모두가 넉넉하지 않은 경비로 여행을 하는 중이었지만, 오늘만큼은 레스토랑에서 와인을 마시며 기분을 내기로 했다.

"치얼스!!!"

전날의 깊은 공허함이 그녀들과의 와인 한잔으로 채워지고 있었다. 뿐만 아니라 야외 테이블에서 와인을 마시는 도중, 순례길 위에서 만났던 수많은 이들과 마주쳤다. "메이!" 어딘가에서 내 이름이 들려올 때마다 나는 신나는 마음을 감출 수 없었다.

긴 식사가 끝난 후 클라라는 산초와 함께 히치하이킹을 해서 고향인 리스본으로 돌아가겠다고 했다. 산초와 함께라서

히치하이킹이 조금 어려울 순 있겠지만, 그래도 어떻게든 도착하지 않겠냐며 웃는 그녀에게 우리는 어깨를 으쓱해 보이며 말했다. "Good luck!" 그리고 남은 우리도 각자의 위치로 돌아갔다. 아주 담담하게 말이다.

혼자 시작하고, 혼자 끝낸, 그리고 혼자만의 생각으로 가득한 길이었다. 하지만 결국 내게 남은 것은 사람이었다는 사실을, 그리고 홀로 그 길의 끝에 도착하는 것은 아무런 의미가 없다는 사실을 나는 뼈저리게 느꼈다. 다행인 것은 순례길은 이렇게 끝이 났지만, 나의 길은 아직 끝나지 않았다는 사실이다. 나는 계속해서 내 삶의 무게를 담은 커다란 배낭을 메고 길을 걸어갈 것이며, 길 위에서 또다시 수많은 살아 있는 것들을 만날 것이다. 나는 그때마다 그들을 바라볼 것이고, 향기를 맡을 것이며, 빠짐없이 사랑할 것이다.

그리고 이번에는 절대 끝을 위해 걷지 않으리.

살아 있는 것들을 보라.

사랑하라.

놓지 마라.

_ 더글러스 던*Douglas Dunn*

#21
친절은 사양 대신
또 다른 친절로

    물가가 갑자기 껑충 뛰었다. 가난한 배낭여행자지만 가고 싶은 곳은 많던 내게 오스트리아의 물가는 실로 잔혹했다. 식사 때마다 당연하게 주문했던 콜라와 맥주를 시키려면 큰맘을 먹어야 했다. 고민 끝에 당시 나와 함께하던 이와 히치하이킹을 하기 시작했다. 빈부터 할슈타트, 그리고 체코의 체스키크룸로프와 프라하까지. 그리고 그사이의 수많은 마을들. 여느 여행자처럼 세상의 아름다움을 직접 느끼고 싶다거나, 더 많은 사람들의 삶이 궁금하다거나 하는 멋진 이유가 아닌, 지극히 현실적인 이유에서 시작한 일이었다. 그저 이곳에서 하루라도 더 버텨보겠다는 발악 같은 것. 하지만 그 결과, 나는 억만금을 주어도 살 수 없는 다채로운 동화를 만났다.

03 돌아가도, 별은 계속 빛날 거야

첫날 우리를 태워준 노년의 부부는 말수가 많지 않았다. 그래서 가는 내내 잠깐의 여행 이야기와 침묵이 반복되곤 했다. 우리는 시간이 늦은 탓에 도로변의 큰 맥도날드 앞에서 노숙을 하기로 하고, 그곳에 세워달라고 부탁했다. 그런데 우리가 내리려는 순간, 부부는 불쑥 밥을 사먹으라며 10유로를 건넸다. 당황한 나는 괜찮다며 손을 내저었지만, 그들은 끝내 차창을 내려 내 두 손에 돈을 꼭 쥐여주고 떠나버렸다. 대화도 많이 나누지 않은 낯선 이방인에게 그들이 건네는 호의에서, 생전에 외할머니가 내가 집에 갈 때마다 엄마 몰래 꼬깃꼬깃 용돈을 쥐여주시던 마음이 느껴졌다. 나는 한참 동안 그 돈을 꼬옥 쥐고 있었다.

둘째 날 만난 중년의 한 남자는 자신도 젊은 시절 여자 친구와 함께 히치하이킹으로 세계를 여행했다고 말했다. 우리를 태우고 가는 내내 들려준 그의 이십여 년 전 이야기는 마치 한 편의 영화 같았다. 그 영화에 푹 빠져 있던 나는 눈을 반짝이며 물었다. "그녀가 지금 아내 분인가요?" 이 얼마나 아름다운 로맨스의 결말인가. 하지만 잠깐의 정적 후 그는 천천히 입술을 뗐다. "아…… 아니……."

그리고 할슈타트로 가는 길목이었다. 그곳에서 내 동화 속
에서 앞으로 평생 빠질 수 없을 이름, 게르하르트를 만났다.
그가 사는 곳은 할슈타트 가는 길에 있는 그문덴Gmunden이라
는 작은 마을이었는데, 그는 우리에게 불쑥 물었다.

"바쁘지 않다면 그문덴을 구경시켜 줄까? 괜찮니?"

우리는 한 치의 망설임도 없이 외쳤다.

"Yes!!!"

그는 구경에 앞서 그문덴의 맛집이라는 곳에 데려가주었
는데, 그곳에서 먹은 슈니첼은 내가 유럽에서 먹어본 슈니첼

중 단연 최고였다. 식사 후에는 그문덴에서 유명하다는 어느
자연 공원에 우리를 데려갔다. 관광객은 단 한 명도 없는, 그
야말로 동네 주민들을 위한 숨겨진 보금자리 같은 곳이었다.
그를 따라 한참 숲길을 걷다 보니, 너무 맑아 바닥이 훤히 비
치는 호수가 나왔다. 그곳에는 동네 주민으로 보이는 한 어린
아이와 그 부모가 물놀이를 하고 있었다. 뜻밖의 예쁜 풍경에
신이 난 나는 그대로 호수로 뛰어들었다.

"으악!!"
물은 말 그대로 얼음장같이 차가웠다!
아무튼 그의 대가 없는 호의는 그칠 줄 몰랐다. 원한다면
집에 머물러도 좋다며 우리를 집에 초대한 것이다. 나는 그의
집에 들어선 순간부터 끊임없이 환호했다. 그가 그림을 그리
고 조각을 하는 지하 작업실부터 초록빛 마당과 마주하고 있
는 넓은 거실, 고즈넉한 느낌이 물씬 풍기는 이 층 서재와 고
급스러운 화장실, 그리고 천장에 작은 창문이 있어 별을 볼
수 있는 감성적인 다락방까지, 예술가인 그의 손길이 곳곳에
닿아 있는 그야말로 동화 속에나 나올 법한 집이었다. 심지어
그는 그 넓은 이 층을 우리에게 몽땅 내주었다. 나는 그의 계
속된 호의에 어찌할 바를 몰랐다. 하루 종일 '고맙다'는 말을

너무 많이 해서, 더 이상 고맙다고 말하기조차 민망할 지경이었다.

사실 나는 친절을 받는 일에 썩 익숙하지 못하다. 나는 그에 준하는 대가를 줄 수 없는데 상대가 호의를 베풀어 올 때면 마치 내가 무슨 잘못이라도 한 것처럼 어쩔 줄 몰라 하다가, 결국 호의를 베풀어준 상대까지 불편하게 만들곤 했다. '대가 없는 호의'라는 게 존재한다는 사실을 잘 믿지 않았고, 어쩌면 한편으로는 내가 누군가에게 폐를 끼친다는 생각을 스스로 견디지 못했던 것 같다.

그런 내 마음을 읽기라도 했는지 게르하르트는 이렇게 말했다.

"너는 그냥 즐기면 돼. 내가 사는 동네에 대해 네가 좋은 기억을 갖게 되는 것만으로도 나는 충분히 기쁘거든. 그 대신 나중에 네가 누군가에게 호의를 베풀 수 있는 상황이 온다면, 그때 마음껏 베풀어주렴. 그럼 그때 내가 얼마나 기쁜 마음이었는지 알게 될 거야."

그의 말이 끝나자, 안절부절못하며 비비 꼬고 있던 발가락에 사르르 힘이 풀렸다. 기쁘게 받을 것. 그리고 언젠가 기쁘게 줄 것. 정말 그거면 충분했던 거다. 당장, 내 눈 앞에 있는

당신에게 줄 수 있는 것이 아니라도 말이다. 세상을 아름답게 만드는 데 이보다 좋은 방법이 있을까? 나는 한층 가벼워진 목소리로 그에게 말했다.

"좋아요! 대신 오늘 저녁은 내가 정말 맛있게 만들어줄게요! 참, 그리고 나는 나중에 아주 큰 차를 사야겠어요."

잘 받고,

잘 줄 것.

세상 따뜻하게 사는 법

그리 어렵지 않다.

#22
오늘, 내게
가장 완벽한 여행

　오스트리아 빈부터 체코 프라하까지, 히치하이킹에 노숙을 감행했더니 몸이 조금 지쳤다. 그래서 우리를 위한 선물로 프라하에서 작지만 예쁜 집 – 하지만 비싸지 않은! 와우! – 을 렌트했다. 폭이 넓은 침대에, 바로 옆엔 그랜드 피아노가 있었다. 매일 아침 커다란 유리창을 통해 스며든 햇살이 반짝일 때면, 습관처럼 일어나 악보를 보지 않고도 예쁜 멜로디를 연주하곤 했다. 그러다 보니 문제는 밖에 잘 나가지를 않으려 한다는 점. 이렇게 작고 예쁜 집을 두고 밖으로 나가기란 참으로 어려운 일 아닌가. 그리하여 나는 졸지에 집순이 여행자가 되었다.

03 돌아가도, 별은 계속 빛날 거야

그렇게 일주일째, 아마 나는 프라하 여행 1일 차인 관광객보다도 프라하를 돌아다니지 않았을 것이다. 사실 마음속에서는 행복함과 한심함이 부딪치며 끊임없이 갈등이 일었다.

'이렇게 집에서만 빈둥댈 거면 너 대체 왜 떠나온 거야?'
'지금 이 여유를 만나려고 온 거잖아! 이거면 충분하지 뭐!'
'아니, 그래도 프라하에 왔는데 그 유명한 프라하 성 한 번을 안 가보는 게 말이 돼?'
'그런데 이 예쁜 집에서 어떻게 나갈 수 있겠어~'

그러다 그날은 정말이지 빈둥거리고 싶은 유혹을 이겨내고 시내로 나가 프라하를 제대로 구경하기로 결심했다. 그전에 남은 날들을 위해 먼저 장을 봐둔 후에 나가기로 했다. 도보로 십오 분 거리에 위치한 꽤 큰 마트. 그곳에서 남은 기간 먹을 음식을 가득가득 샀다. 그런데 돌아오는 길, 두 손 가득한 봉지가 너무 무거워 스무 걸음쯤 걷고 쉬기를 반복하다, 결국 길가의 벤치에 잠시 앉아 몸을 한껏 젖히고 하늘을 바라보았다. 오늘따라 구름이 마치 솜사탕같이 몽글몽글하다. 그냥 단순한 비유가 아니라, 정말 보는 순간 입에 침까지 고였다.

"아! 오늘 하늘 너무 달다!"

가만히 하늘을 올려다보고 있노라니, 온갖 예쁜 생각들이 머릿속을 가득 채운다. 집에 돌아가면 치고 싶은 멜로디는 덤. 그렇게 따사로운 오후의 햇살에 잔뜩 심취해 있다가, 문득 레드 와인의 향긋함이 더해지면 더없이 완벽할 것 같다는 생각이 들었다. 나는 일 초의 망설임도 없이 장바구니에서 저녁 식사에 곁들이려 산 와인 한 병을 꺼냈다.

잠깐!
여기에 약간의 달달함을 더해줄 게 있다면 더 좋을 텐데?
그래 맞아! 곰 젤리를 샀었지!

나는 와인 한 모금을 입안 가득 머금고 곰 젤리 하나를 입에 넣었다. 그리고 고개를 젖혀 구름 한 모금, 더한다.

오늘은 프라하를 열심히 구경하겠다고 다짐했는데, 그럴 필요가 없어져 버렸다. 그냥 이 순간이 내게는 '프라하'고, 나는 지금 가장 완벽한 여행을 하는 중이니까.

"이곳에 오면 이건 꼭 봐야 해!"
"이 유명한 걸 안 보고 가는 건 말도 안 돼!"

사실 그런 건 아무런 의미가 없다.
여행이란,
아주 우연히 마주친 선물 같은 순간을
몸과 마음 다해 만끽하는 일.
그거면 충분하다.

그리고 그것은
당신이 오늘 이곳에서도
충분히 여행을 할 수 있는 이유이기도 하다.

03 돌아가도, 별은 계속 빛날 거야

#23
그저
춤을 추는 거야

    살사의 본고장이라 불리는 콜롬비아 칼리^{Cali}. 그곳을 찾은 이유는 단 하나, 살사를 배우기 위해서였다. 나는 숙소에서 만난 언니의 도움으로 쾌적하고 비교적 저렴한 살사 학원을 찾을 수 있었다. 살사는 내가 생각했던 것보다 훨씬 더 매력적이었다. 한발 한발 자유롭게 내리뻗으며 그 발의 흐름에 온몸을 맡기면 되는데, 무엇보다도 그 자유로움 속에서 누군가와 하나의 박자로 어우러진다는 느낌이 참 묘했다. 그러다 때로는 파트너의 팔에 온몸을 맡겨버리곤 했는데, 그럴 때면 내발이 알아서 움직여 나도 모르는 춤사위가 완성되곤 했다. 꼭 빨간 구두를 신은 카렌처럼 말이다. 그렇게 살사를 추는 동안

에는 몹시 자유롭지만 그러면서도 하나가 되는, 세상 가장 기
분 좋은 공존의 느낌을 만끽할 수 있었다.

  그렇게 며칠을 학원에서 배웠으니 이제는 실전에 나설 차
례였다. 나는 수업을 함께 들은 이들과 칼리에서 유명하다는
살사 클럽을 찾았다. 그런데 깜짝 놀라지 않을 수 없었다. 세
상 춤꾼들은 이곳에 다 모인 듯했다. 이제 좀 출 줄 안다며 잔
뜩 의기양양했건만, 내가 익힌 스텝은 그저 피아노의 계이름
을 배운 것에 불과했다. 눈에 보이지도 않을 만큼 빠르고 화
려한 스텝이 곳곳에서 쏟아졌다. 나는 몇 번 박자를 타보려
노력했지만, 이내 발끝이 민망해져 구석 자리 의자에 앉아버
렸다.

다음 날 찾은 또 다른 살사 클럽도 사정은 다르지 않았다. 나와 일행들은 음료수만 홀짝거리며 춤추는 이들을 구경하다가, 수줍게 일어나 학원에서 배운 스텝을 몇 번 써먹어 보고는 이내 다시 자리에 앉기를 반복했다. 그렇게 얼마나 지났을까, 스테이지를 누비던 모두가 자리로 돌아가고 전문가들의 살사 공연이 시작됐다. 그리고 눈으로 보면서도 믿을 수 없는 춤사위가 펼쳐졌다. 기이할 정도로 빠른 발과 끊임없이 빙글빙글 도는 여자. 보는 내내 좀처럼 입을 다물 수가 없었다. 그렇게 그들의 공연이 끝나자 댄서들이 관객석에서 파트너를 마음대로 선정해 함께 춤을 추는 시간이 되었다. 나는 고개를 살짝 숙이고, 시선을 사선 아래의 어느 허공에 두었다.

'제발! 제발 나만 아니어라.'

그런데 갑자기 눈앞에 한 그림자가 드리웠다. 그리고 누
군가의 낯선 손. 젠장, 그가 나를 택했다. 나는 난감한 표정을
지으며 그의 손을 잡고 무대에 섰다. 주변을 살펴보니, 곳곳
에서 멋지거나 혹은 재미있는 춤사위들이 펼쳐지고 있었다.
그래, 나도 배운 게 있잖아! 괜찮아, 쫄지 마! 나는 그의 몸짓
에 집중하며 스텝을 따라가려 애썼다. 하지만 안타깝게도 부
끄러움에 한번 굳어버린 발은 좀처럼 풀릴 줄을 몰랐다. 금세
얼굴이 달아오르고, 머릿속이 하얘졌다. 젠장! 젠장! 젠장! 그
렇게 나는 노래가 끝날 때까지 한참 동안 엉성한 흐느적거림
을 반복하다 간신히 자리로 돌아왔다.

그 이후 나는 정신이 다 어질어질해 한동안 의자에서 일어
날 수가 없었다. 그렇게 한참을 일행들의 춤만 구경하고 있는
데, 갑자기 모자를 쓴 노신사가 손을 내민다. 함께 춤을 추자
는 뜻이다. 거절하는 것은 매너가 아니기에 나는 자신 없는
표정으로 그를 따라나섰다. 그는 블루스에 가까울 정도로 매
우 느리게 춤을 췄다. 나도 그를 따라 아주 천천히 스텝을 밟
았다. 문득 그가 말했다.

"내게 춤은 말이야……."

사실 영어와 스페인어가 뒤섞인 그의 말은 알아듣기가 힘들었다. 하지만 아마도 그에게 춤이 어떤 의미인지를 이야기하는 듯했고, 중간중간에 인생, 과거 등 거창한 단어가 들렸다. 그러고는 묻는다. "너에게는 어때?"

나는 어떠냐고? 나는 무슨 말을 해야 할지 몰랐다. 나에게 춤은 특별한 의미가 아닌데, 그저 신나니까, 추고 싶으니 추는 것 아닌가? 나는 그가 어떤 거창한 말이라도 기대하는 건가 싶어 그의 눈을 살폈다.

가끔 그럴 때가 있다. 그저 좋아서 하는 일인데, 누군가 기대하는 눈빛으로 '의미'에 대해 물어오면 특별한 의미 없이 단지 그것을 좋아하는 내 마음이 한없이 덧없게 느껴지는 때 말이다. 여행도 그랬다. 인도에서 만난 한 중년 부부에게 여행이 내 인생에서 어떤 의미가 있느냐는 질문을 받았을 때, 나는 무슨 말을 해주어야 할지 몰라 망설이고 있었다. 나는 그저 떠나는 게 좋아서, 새로운 것을 보는 게, 예쁜 것을 보는 게 좋아서, 자유롭고 싶어서……. 하지만 내게 '의미'를 묻는 이들은 보다 거창한 무언가를 기대하는 듯했다. 심지어 그들은 이렇게 덧붙였다. "멋진 의미를 담아내야 나중에 여행이 좋은 스펙이 될 수 있을 거야." 나는 말문이 막혀버렸다.

　내가 하고 싶은 일을 하는 것. 그것에 늘 대단한 의미가 담겨 있어야 하는 것은 아니다. 물론 취업 시장에 내던져져 수많은 면접관 앞에 섰을 때, 나는 달달 외운 "Connecting the dots. 내가 찍어온 모든 점은 귀사의 해당 직무를 위한 것이며, 이제 그 점이 하나의 선으로 연결될 차례입니다"라나 뭐라나 하는 말을 반복하곤 했었다. 물론 난 여전히 내가 찍고 싶은 점을 자유롭게, 또 열심히 찍어나가다 보면 언젠가 멋진 선, 혹은 멋진 그림이 완성될 거라는 'Connecting the dots'의 힘을 믿는다. 그러나 이제 와서 털어놓는 얘기지만, 사실 그 점들이 하나로 연결되지 않더라도 나는 상관없었다. 오히려 머릿속에 그려놓은 선 때문에 점을 찍는 일이 망설여지는 순간이 싫었고, 더 나아가 '의미'라는 단어로 인해 '순수하게 좋아하는 마음'이 사라질까 두려웠다.

　그래서 나는 늘 생각했다. 꼭 대단한 의미를 부여하지 않더라도 그저 내가 원하는 점을 충실히 찍어나가면 그만이라고. 선이 어떻게 이어질지 두려워 점조차 찍지 못하는 바보가 되지 말자고. 그러니, 그저 오늘의 발짓에 충실하며 열심히

즐기면 그만이라고…… 즐기면 그만이라고…….

그런 깨달음 뒤에 그를 쳐다보니 싱긋 웃는다. 맞다. 내 발짓이 대단히 멋지지 않아도 그저 지금 이 순간 내가 좋으면 그만이다. 나는 그에게 말했다.

"의미는 없어. 그저 좋을 뿐이야."

처음 살사 학원에서 춤을 배우기 시작할 때의 마냥 신났던 마음이 돌아왔다. 그러자 굳었던 발끝이 풀리는 게 느껴졌다. 내 움직임이 조금 달라졌다고 느꼈는지, 그는 연신 "무이 비엔(Muy bien, 아주 좋아)!"을 외쳤다. 나는 그렇게 그와 함께 조금 많이 느린, 그래서 음악에는 전혀 맞지 않는, 하지만 충분히 즐거운 우리만의 춤사위를 펼쳐나갔다.

세상 모든 일에 꼭 의미가 있을 필요는 없다. 꼭 연결이 되어야 하는 것도, 꼭 잘해야 하는 것도 아니다. 때로는 그저 당신이 즐거운 것, 그거 하나면 충분할 때도 있다. 그렇게 즐거운 마음으로 계속해서 발짓을 이어가면 되는 것이다.

#24
공기와
키스해 본 적 있나요?

온통 가을빛을 띠고 있는 쿠스코^{Cuzco}는 그
자체로도 매력적이지만, 대부분의 여행자가 이
곳을 찾는 이유는 바로 마추픽추 때문이다. 잃
어버린 공중도시, 마추픽추는 남미 여행자라면
무조건 가야 한다고 해서 '남미의 숙제'라고 불
리기도 한다. 실제로 그곳은 소름 돋을 정도의
신비로움이 감싸고 있었다. 하지만 결론부터
말하자면, 나는 사실 마추픽추보다 그곳을 향하
던 길을 더 잊을 수 없다.

꼬박 이틀이 걸렸다. 값비싼 기차를 타고 하루 만에 도착할 수도 있었지만 굳이 이틀간의 고행길을 선택한 이유는 더 설명할 필요도 없으리라. 나는 산 입구까지 작은 승합차를 타고 가, 한참 동안 산길을 걸었다. 그러고는 밤이 되어서야 도착한 산 중턱의 마을에서 하룻밤을 묵은 뒤, 그다음 날 아침 일찍 다시 산을 올라야 했다. 가는 길목 곳곳에는 모기처럼 피를 빨아먹는 흡혈 파리떼가 있었는데, 따끔 하는 느낌에 손을 휘젓고 보면 어느새 빨간 핏방울이 고여 있었다. 그리고 몇 시간 후에는 그 주변까지 벌겋게 부어올랐다. 하필이면 정강이 아래까지만 오는 레깅스를 입고 있던 탓에 맨다리가 드러난 곳은 온통 흡혈 파리의 흔적으로 가득했다. 참으로 고역이었다.

아마 그날 일기장에 적힌 한 장의 짧은 글이 아니었다면, 나는 그 길을 그렇게만, 그저 힘들었던 곳이라고만 기억했을 것이다. 하지만 너무도 다행히 내 일기장 한편에 이런 글이 적혀 있다.

공기와 키스하는 법

숲길을 걸어갈 때,
세상 가장 깨끗한 공기를 만났을 때,
입을 한껏 벌린다.
입안 가득 공기를 마신다.
그리고 동시에 혀를 살짝,
아주 살짝만 굴려주는 거다.
이상! 세상에서 공기를 가장 달게 먹는 방법.
그 덕에 달달했던 마추픽추 가는 길.

문득 기억이 났다. 스물넷에 떠난 나의 첫 유럽 여행. 독일 쾰른의 크리스마스 마켓을 구경하며 나는 내내 신이 나서 어쩔 줄을 몰랐다. 그러다 전경을 보기 위해 쾰른 대성당의 종탑을 올라갔는데, 가는 길에 뾰족하게 튀어나온 돌에 긁혀 손등에 큰 상처가 났다. 피가 꽤 많이 났던 그 상처의 흔적은 여행이 끝난 뒤에도 한동안 사라지지 않았다. 나는 이후 조금씩 옅어지는 그 흉터를 볼 때마다 그날의 나로 돌아가, 그 흉터가 아주 오래도록 사라지지 않기를 간절히 바랐다.

그때와 똑같이 마추픽추에서는 가시가 박혔었다. 처음에는 아파서 열심히 뽑으려고 했으나, 그럴수록 통증이 심해져서 한동안 놔두었다. 그랬더니 시간이 지나면서 마치 살의 일부가 된 듯, 그런대로 괜찮아졌다. 나는 점처럼 변해버린 그 가시를 보며 중얼거렸다. "그래, 너는 그냥 마추픽추의 흉터로 내 몸에 있어라."

그렇게 내 몸에 박힌 가시조차, 손등에 난 상처조차, 그리고 심지어는 공기조차도 어느 하나 특별하지

않은 것이 없었다. 내게 여행의 흔적이란 늘 그랬다. 시간이 지나 입에 담노라면 "아니, 겨우 공기 하나에 그 감성에 빠졌단 말이야?"라며 낯간지러울 때도 있지만, 잘 알지 않은가. 그때의 나에게 그것은 '한낱 무엇'이 아니었다는 사실을.

여행을 통해 무엇을 깨달았느냐고 누군가 물어온다면,
나는
아무것도 아닌 것이
사실은 아무것도 아닌 것이 아님을 깨닫게 되었다고 말할 것이다.
하지만 그 순간이 지나면
나는 다시 그것이 아무것도 아니라고 말하게 될지 모른다.
마치 나의 기록이 아니었다면,
마추픽추 가는 길이 그저 고행길이라 기억될 뻔했듯.
그날의 공기가 사소한 무언가로 잊힐 뻔했듯.

그래서 나는 나의 사사로움 기록 노트에
내가 마주친 무수한 사사로운 순간들을
빼곡히 채워 넣곤 한다.

그것들이 아무것도 아닌 것이 아니었음을,

오늘, 지구 반대편에서 내가 숨 쉬고 있다는 사실만으로도

벅찰 이유는 충분했음을

평생토록 잊지 않기 위해서.

우리는 기록해야 한다.
오늘 행복해질 수 있었던 작은 방법을
평생 잊지 않기 위해서.

● D+211 볼리비아, **우아이나 포토시**

#25
조금 못난
성공의 기록

꾹 참아왔던 눈물이 터지고, 나는 엉엉 울어버렸다. 태어나서 이토록 극심하게 체력의 한계를 느낀 것은 처음이었다. 사건의 시작은 닷새 전으로 되돌아간다.

한 친구를 통해 볼리비아에 해발 6,000미터가 넘는 고산이 있다는 이야기를 듣게 됐다. 그 산의 이름은 우아이나 포토시(와이나 포토시). 그즈음 나는 산을 몹시 사랑하게 된 상태였지만, 잘 알려진 산도 아니었기에 그저 한번 알아본 뒤 괜찮으면 가고 아니면 말아야겠다고 생각했다. 도전 경험이 있는 지인의 지인들을 통해, 그리고 인터넷을 샅샅이 뒤져 찾은 내용들은 꽤나 부정적이었다. 등반 성공률이 몹시 낮은 데다 전문 장비를 착용하고 올라야 해서 나처럼 등반 경험이 많지 않은, 더욱이 고소공포증이 있는 이에게는 불가능에 가깝다는 것이다. 그 사실은 내 도전 욕구를 자극하는 동시에 큰 두려움으로 다가왔다. 그 둘 사이에서 고민하던 차에 결정적인 한마디가 날아왔다.

"너한테는 무리야."

전문 산악인이라 봐도 무방한, 누구보다도 가까운 이의 말

이었다. 처음에는 수긍했다. 그러다가 문득 화가 났다. 분명
그가 나를 걱정해서 건넨 말이라는 것은 잘 알았지만 '너한테
는 무리'라는 말이 왠지 모르게 총알처럼 박혀버렸다. 경험해
본 적이 없기에 더더욱 무리인지 아닌지는 알 수 없는 일 아
닌가? 어떻게 그렇게 확신할 수 있지? 그때 차오른 것은 오기
였다. 그리고 그것은 분명 썩 긍정적이지 못한 오기였다. 나
는 그날 등반에 도전하기로 결심했다. 나한테 무리가 아니라
는 사실을 직접 보여주고 싶었다.

　예약한 등반일 하루 전날 밤, 일찌감치 모든 짐을 챙겨두
고 침대에 누웠지만 잠이 전혀 오지 않았다. 외려 심장 소리
만 점점 커져갔다. 솔직히 그때 나는 많이 무서웠다. "너한테
는 무리야"라는 말이 머릿속에서 웅웅거리며 끊임없이 나를
괴롭혔다. 아니, 사실은 그 말 자체보다 그 말이 사실일지도
모른다는 두려움이 나를 괴롭혔던 것 같다. 그렇게 두어 시간
을 뒤척이다, 결국 새벽이 되어서야 잠이 들었다.
　첫날은 10킬로그램에 가까운 모든 짐을 메고, 서너 시간을
올라 해발 5,200미터에 위치한 베이스캠프까지 오르는 일정
이었다(히말라야 ABC트레킹의 최종 목적지가 고작 4,130미터다). 여행 후반
부라 그만큼 체력이 붙었는지 생각보다 그리 힘들지 않았다.

무거운 짐 탓에 바람이 세게 불면 조금 휘청거리고 쉽게 숨이 가빠질 뿐, 등반 후기에서 본 정도의 대단한 고통은 없었다. 그래서 나는 더더욱 자신했다. 내일도 충분히 가능할 것이라고, 혹여 내 생각보다 아주 많이 힘들더라도 하루만 '죽었다' 생각하고 버텨내면 그만일 거라고.

정상 등반에 도전하는 이튿날 출발 시각은 새벽 한 시. 크레바스가 많은 곳이라 해가 뜨면 길이 녹아 위험해지기 때문이다. 그래서 일행 모두가 저녁 일곱 시에 자리에 누웠다. 그런데 당시는 남미의 한겨울이었고, 고산 지역에서는 온도가 훨씬 더 떨어지기 때문에 그곳은 몹시도 추웠다. 여행사에서 빌린 두꺼운 침낭에 들어가 방한복에, 털모자까지 썼는데도 몸이 덜덜 떨렸다. 게다가 심장은 왜 이리도 크게 뛰는지……. 그러다 몸이 좀 적응해서 따뜻해질 쯤 되니 화장실에 가고 싶다. 고산병 예방을 위해 계속 마신 코카^{Coca}차가 화근인 듯했다. 헤드랜턴을 켜고 야외에 있는 간이 화장실에 다녀왔다(화장실이라기보단 낮은 돌담에 둘러싸인 작은 구멍이라는 표현이 더 맞겠다). 밖에 나갔다 오니 체온이 떨어져서 몸이 덜덜 떨렸다. 심장도 다시 요동친다. 그러다 한참 후 몸이 다시 따뜻해질 때쯤이면 또 화장실에 가고 싶어진다. 이렇게 몇 번을 반복하다, 결국 단 일 초도 잠들지 못한 채 새벽 한 시를 맞이했다.

이미 컨디션은 최악이었다. 챙겨온 컵라면을 한 젓가락 넘겨봤지만, 전혀 소화가 되지 않는 느낌. 결국 세 젓가락 억지로 넘기고는 식사를 포기한 채 등반을 시작했다. 난생처음 전문 장비를 착용하고, 팀원과 안전로프를 서로 연결한 채 한 걸음 한 걸음 깜깜한 설산을 내딛기 시작했다.

헤드렌턴을 켜지 않으면 아무것도 보이지 않는 새벽의 고산은 상당히 위협적이었다. 무엇보다 말도 안 되게 추웠다. 칼바람이 두꺼운 장갑을 파고들어 손은 금세 얼어버렸다. 거기다 출발한 지 한 시간쯤 됐을 무렵, 숨이 잘 안 쉬어지기 시작했다. 고산병이 찾아온 것이다. 그때부터 한 걸음 내딛는 일이 마치 100미터를 달리는 듯했다.

해발 5,000미터 후반부터는 고산병 증세가 급격히 심해졌다. 숨이 잘 쉬어지지 않아 가슴이 꽉 조여오는 듯했고, 눈앞이 하얘져 누군가 툭 치면 바로 쓰러질 것만 같았다. 나는 스틱에 온몸을 지탱하며 지옥 같은 한 걸음 한 걸음을 내디뎠다. 이미 체력은 한계치에 다다랐기에, 나는 정신력이라도 무너지지 않기 위해 내 인생에서 가장 힘들었던 순간들을 억지로 떠올렸다. '내가 살면서 이런 일도 버텨냈는데 지금을 못 버틸까'라는 마인드 컨트롤을 위해서였다. 하지만 살면서 힘들었던 순간을 아무리 떠올려봐도 이렇게 죽을 것 같은 느낌은 아니었다. 나는 지금이 내 생애 체력적으로 가장 힘든 순간임을 확신했다.

도저히 앞으로 나아갈 수 없어 잠깐 발을 멈추면 선두의 가이드가 뒤돌아보며 묻곤 했다.

"괜찮아?"

만약 내가 괜찮지 않다고 하면 가이드는 분명 포기하자고 하겠지. 여기서 포기란 나 혼자만의 포기가 아니라 우리 팀 전체의 포기를 뜻한다. 더욱이 내 자존심도 그걸 허락하지 않았다. 그래서 나는 애써 큰 소리로 대답했다.

"괜찮아! Let's go!"

말은 그렇게 했지만 "너한테는 무리야"라던 지인의 말이 머릿속을 맴돌았다. 안 그래도 무거운 몸에, 마음까지 무겁게 짓누르는 그 말. 그 말이 사실이었다고 어느새 나는 인정하고 있었다. 그럼에도 포기하고 싶지는 않았다. 설령 그 말이 사실이라 해도, 나는 해냈노라고 보여주고 싶었다. 하지만 그와 반대로 중간중간 위험한 생각이 머릿속을 찾아왔다.

'얼어 죽어도 상관없으니 이 눈밭에 누워 잠들고 싶다.'

나중에 알고 보니 그 또한 고산병 증세라 한다. 버틸 수 없는 몸과 포기할 수 없는 마음, 그 둘은 내 머릿속에서 참으로 치열하게도 싸웠다. 그러다 앞을 본 순간, 참아왔던 모든 것이 터져버렸다. 여태 한 걸음 내딛는 것도 힘들어 겨우겨우 왔는데, 이젠 얼음도끼ice axe를 사용해 빙벽을 올라야 한다는 것이다.

빙벽 앞에서 터져버린 눈물은 도무지 멈출 줄을 몰랐다. 울면 울수록 숨은 더 쉬어지지 않았지만, 결국 나는 한차례 엉엉 울어버리고 말았다. 손이 말을 듣지 않아 눈물도 제대로 닦지 못하고 있는 내게 가이드가 다시 묻는다.

"너, 괜찮아?"

그의 질문에 이번에는 그 어느 때보다 진지하게 고민했다. 나, 정말 괜찮은가?

사실 전혀 괜찮지 않았다. 하지만 아무리 생각해도 여기까지 와서 정상을 보지 못한다면, 내 마음은 지금 내 몸보다 훨씬 더 괜찮지 않을 것 같았다. 이대로 내려가 '네 말이 맞았다'고 인정하기는 더더욱 싫었다. 나는 마지막 눈물 한 방울을 간신히 닦아내고 말했다.

"응, 괜찮아. 가자."

물론 그 뒤로도 나는 제정신이 아니었다. 중간에 쉴 때 배낭을 열고 카메라나 먹을 것을 좀 꺼내보려 해도, 이미 운동 감각을 상실한 탓에 평범한 지퍼조차 열 수 없었다. 하지만 나는 그 뒤로도 몇 번의 "괜찮아?"라는 질문에 "괜찮아!"라고 답하며, 딱 열 걸음만 더 가고 포기하자는 다짐을 거듭한 끝에 결국 정상에 올랐다.

6,088미터.

내 생애 가장 높은 곳에 발을 디디는 순간이었다. 이번에는 감동의 눈물이 차올랐지만, 아까 엉엉 울어버린 게 창피했던 나는 뒤돌아서서 남몰래 눈물을 닦아냈다. 결국, 결국은 정상이었다.

나는 이 감동을 남기고자 몇 장의 사진을 찍은 후, 잠시 앉아서 배를 채우려 했다(라면 세 젓가락을 제외하면 열두 시간째 공복 상태였다). 그런데 가이드가 말했다.

"우리 너무 늦어져서 지금 바로 내려가야 해. 안 그러면 크레바스가 녹아 많이 위험해져."

청천벽력 같은 말이었다. 이토록 죽을힘을 다해 올라왔는데, 잠깐의 쉴 틈도 주지 않고 곧바로 여섯 시간 동안 올라온 길을 다시 내려가야 한다. 더욱이 내려갈 일은 생각 않고 모든 힘을 한계치까지 다 써버린 탓에 다리가 꿈쩍도 하지 않았다. 내 의지와는 전혀 상관없이 말이다.

"장난이 아니라, 나 지금 정말 움직일 수가 없어. 오 분 정도면 괜찮아질 것 같은데, 딱 오 분만 쉬면 안 될까?"

내가 정말 괴로워하자, 내내 수더분하고 밝은 인상이던 가이드가 정색을 하고 말했다.

"올라오면서 내가 몇 번이고 괜찮으냐고 물었지? 너는 그때마다 괜찮다고 말했고. 네가 내려갈 힘이 없었다면, 내가 물었을 때 괜찮다고 하면 안 됐어. 올라오면 안 됐다고."

무섭게 내뱉은 그의 말에, 나의 6,088미터는 순식간에 부끄러운 정상이 되었다. 그저 이 악물고 오르면 다인 줄 알았지만 산은 달랐고, 나는 몰랐다. 산은 내려갈 때까지 끝난 게 아니라는 사실을 말이다. 그의 "괜찮아?"는 단순한 안부가 아니었다. "이 산을 올랐다 내려갈 때까지 팀을 위험에 빠뜨리지 않을 정도의 체력과 자신이 정말 남아 있어?"라고 묻는 것이었다. 억지를 부릴 일이 아니었다. 나 때문에 팀원 모두가 위험해질 수도 있는 거였다.

생각해 보면 살면서 '내가 할 수 있는 일'이 아님에도 '도전이라는 이름의 오기'를 부린 일이 한두 번이 아니었다. 물론 그때마다 나는 보란 듯이 해내곤 했다. 잘했다는 뜻이 아니라,

그냥 성격이 그렇다는 말이다. 뭐든 포기하면 큰일 나는 줄 알고, 어떻게든 붙잡아 해내야 직성이 풀리는 성격이다. 그게 내 몸과 정신을 좀먹을지라도 말이다. 학교에 다닐 때에도 이것저것 다 해내겠다며 밤을 새우는 일이 수두룩했다. 그래도 그때는 괜찮았다. 문제는 일을 시작하면서부터였다.

안 그래도 할 일이 끝도 없는 '스타트업'이다. 이때 필요한 것은 수많은 일들 중 객관적으로 '내가 해낼 수 없는 일'이라면 그 사실을 인정하고, 또 포기하는 자세다. 내가 밤을 새워도 10 중 9밖에 할 수 없다면 나머지 1은 포기하고 넘겼어야 했다. 하지만 나는 밤을 새우고 집 대신 회사 근처 찜질방을 전전하며, 때로는 식사를 포기해 가며 10을 해내 보이곤 했다. 그리고 그게 잘하는 것이라 믿으며 스스로를 꽤 자랑스러워했던 것 같다. 하지만 그건 내 착오였다. 내가 10을 해내면 어느

순간부터 사람들은 10을 당연하게 여겼다. 그리고 내게 11을 요구해 왔다. 내가 억지로, 간신히 11을 해내면 그다음에는 12를 요구했다.

　속사정 모르는 윗사람들 입장에서는 어쩌면 당연한 일인지도 모른다. 더군다나 힘든 내색 같은 걸 잘 하는 타입도 아니다. 그런 태도가 나를 지치게 만들 뿐만 아니라 함께하는 다른 동료까지 힘들게 만드는 일이라는 걸 그때는 미처 몰랐다. 애초에 내게 10을 주었을 때, 9밖에 할 수 없는 게 당연하다는 것을 내 목소리로 직접 이야기했어야 했다. 그러다 모든 팀원을 잃고 혼자 남았던 날, 함께 떠나자는 권유에도 기어이 그곳에 남아 텅 빈 책상을 바라보던 그날, 나는 끝없는 죄책감에 시달려야 했다. 당시 나는 '아름다운 포기'에 대해 전혀 알지 못했다. 그렇게 꾸역꾸역 일의 성과를 내고, 프로젝트를 성공적으로 마친 내가 거둔 것은 '아름다운 성공'이 아닌 '못난 성공'이었다. 결국에는 오히려 아름다운 포기가 모두에게 좋은 선택이었을 텐데 말이다.

　가이드의 그 말을 들은 후, 피가 날 정도로 입술을 앙다문 채 기어코 무사히 내려갔다. 물론 중간중간 휘청이다 여러 번 넘어지기도 했지만 말이다. 그날 모든 산행이 끝나고 나서야 나는 겨우 웃을 수 있었다. 그렇다고 부끄러웠던 마음이 가신 것은 아니었다. 그래서 그 부끄러움이 사그라들 때까지 나는 '성공'이라는 글자를 마음속 깊이 넣어두기로 했다. 어쩐지 이번 등산은 '못난 성공'에 가까운 것 같아서 말이다.

물론 하산할 때 그런 일이 있었다고 해서 내 도전과 노력, 성공이 아예 없던 일이 되는 것은 아니다. 무사히 잘 올라가 등반에 보란 듯이 성공했고, 마찬가지로 무사히 잘 내려왔다. 팀을 위험에 빠뜨리는 일도 없었다. 나는 내 한계에 굴복하지 않았고, 이 점에 대해서는 충분히 자부심을 가져도 된다는 것을 알고 있다. 하지만 내가 얼마나 부족한 마음 자세로 그곳에 올랐고 또 내려왔는지 아주 잘 알기에, 끝내 고개를 떳떳이 들 수가 없었다.

아…… 어렵다. 아름다운 포기와 못난 성공 가운데에서 나는 앞으로도 수많은 고민에 빠질 것 같다. 그래도 확실한 것은 기존의 내 '보기'에 아예 없었던 '아름다운 포기'라는 항목이 추가되었다는 사실이다. 아름다운 포기라는 존재 자체를 깨달은 것으로 우선은 충분하다. 그리고 둘 중 무엇이 정답이든, 나 스스로 부끄럽지 않을 최선의 선택을 하면 그만 아닐까.

혹시 오늘 하루

'못난 성공'을 위해 끙끙대지는 않았나요?

그렇다면 당신의 '보기'에도

'아름다운 포기' 항목을 추가해 보는 것은 어떤가요?

#2b
국밥 한 그릇

여행 중 내가 가장 두려워하는 건 통장 잔고를 확인하는
순간이다. 아타카마에서 나는 몇 번이나 심호흡을 한 후에야
실눈을 뜬 채 통장에 찍힌 숫자를 맞닥뜨렸다.

아…….
이젠 정말 돌아갈 때가 된 것 같다.
그야말로 절망스러운 숫자였다.

나는 남은 돈으로 아타카마를 떠나면 자연의 끝을 만날 수
있다는 트레커의 천국, 파타고니아에 가고 싶었다. 당시 나와
함께 있던 이도 그것을 원했다. 하지만 조금 전 숙소에서 만

난 이로부터 파타고니아의 어마무시한 관광 물가에 대한 경험담을 들은 후였다. 고민에 빠졌다. 이대로라면 통장에 마이너스가 찍힐 날도 머지않았다. 나는 하루 한두 끼의 최저 식비와 최저 교통비 등으로 열심히 계산기를 두드렸지만 아무래도 답이 나오질 않았다. 하지만 이대로 아쉬움을 남긴 채 떠나고 싶지는 않았다. 그렇게 한참을 고민한 끝에 내린 결정은 바로 이것.

"부벼보면 어찌 안 되겠나!"

앞으로 뭐가 어떻게 될지는 전혀 알 수 없지만, 그래도 일단은 부딪혀보기로 했다. 내가 머물던 아타카마에서 파타고니아까지는 비행기를 타면 고작 몇 시간. 하지만 딱 그 비행기표 값만큼의 잔고밖에 없던 나는 아주 긴 이동을 시작해야 했다. 그렇게 버스를 타고 아타카마에서 산티아고, 거기서 다시 파타고니아(그중 푸에르토 나탈레스)로 향하는 사흘에 걸친 장거리 이동이 시작되었다. 남쪽으로, 더, 더 남쪽으로.

이동을 시작한 지 이틀째. 버스에서 주는 빵 한 조각과 휴게소에서 산 아기 주먹만 한 작은 머핀을 제외하고는 아무것도 먹지 못했다. 배가 너무 고팠지만 뭐 하나 선뜻 사먹기 어려운 처지가 되고 보니 급격한 피로감과 우울증을 느꼈다. 나는 이런 감정이 찾아올 때의 가장 빠른 해소법을 알고 있다. 그건 바로 '한식'. 하루 종일 거의 굶다시피 하며 장거리를 이동한 대가로 오늘만큼은 한식을 먹기로 했다. 그렇게 밤늦은 시간에 산티아고 파트로나토 구역의 커다란 한인 타운을 찾았다. 사방에서 익숙한 냄새가 코끝을 간질였다. 왠지 눈물이 날 것 같은 냄새다.

나는 한국인들이 가득 들어앉아 있는 한 식당을 찾았다. 삼겹살 냄새가 곳곳에서 풍겨오고, 소주 한잔 걸친 이들의 흥이 묻은 목소리가 여기저기에서 들려왔다. 나는 한참을 고민하다 순두부찌개를 시켰다. 오래 지나지 않아 밑반찬과 함께 뚝배기에 보글보글 끓고 있는 순두부찌개가 나왔다. 세상에! 이렇게 제대로 된 한식이 얼마 만이던가!

너무 뜨거워 혀가 데일 것 같았지만, 급하게 몇 숟갈을 입에 넣었다. 보드라운 순두부에 매콤한 국물이 더해진, 내가 아는 바로 그 맛이다. 물론 굳이 한국에서 먹던 것과 비교하자면 완벽하지는 않았지만, 지구 반대편에서 하루 종일 굶은 여행자에게 이 정도면 과분했다. 그렇게 나는 한참 동안 순두부찌개에 얼굴을 파묻었다.

찌개 안에 숨겨진 덜 익은 달걀을 숟가락으로 휘저었다.

그러자 빨간 국물에 노른자가 퍼져 나간다. 그리고 그와 동시에 머릿속에 온갖 그리움도 함께 퍼져 나간다. 때때로 나의 안위를 물어오던, 내가 사랑하는 이들의 얼굴, 나의 사랑스러운 늙은 강아지, 그리고 먹고 싶은 모든 음식들(특히 곱창), 자주가던 맥줏집…….

문득 조금이라도 더 많은 것을 보겠다며, 내가 그리워하는 그곳으로 조금이라도 더 늦게 가겠다며 굳이 이곳에서 꾸역꾸역 고생을 하고 있는 내 모습에 회의감이 들었다. 결국 내가 얻은 것은 우울함이고, 그 마음을 달래줄 것은 이 국밥 한 그릇인데 말이다. 어쩌면 진짜 행복은 나의 집에, 그리고 그 근처 곳곳에 걸려 있는지도 모르겠다. 그렇다면 나는 대체 무엇을 찾겠다고 이곳을 헤매고 있는 걸까.

문득 동화 『파랑새』의 마지막 장면이 떠올랐다.

아니 저것이 우리가 찾아 헤매던 파랑새로구나!

우리는 멀리 가서 찾았는데, 사실은 언제나 가까운 여기에 있었구나!

_ 모리스 마테를리스, 『파랑새』 중에서

남매는 기나긴 여행 꿈에서 깨어나,

그들이 찾던 파랑새가 실은 집 새장 안에 있음을 깨달았다.

그렇지만

만약 어린 남매가 길을 떠나지 않았더라면,

파랑새가 그들의 집 새장에 있다는 것을

영영 발견하지 못했을지도 모른다.

어쩌면 우리는 우리가 가진 것의 소중함을 느끼기 위해 계속해서 떠나는지도 모르겠다. 지구 반대편에서 먹는 국밥 한 그릇에 내가 떠나온 나의 일상이, 그리고 나의 그대들이 얼마나 나를 행복하게 만들어주는지 여실히 느끼고 있듯 말이다.

나는 수많은 그리움을 삼켜내기 위해 잠시도 숟가락을 멈출 수 없었다. 국밥 한 그릇에 생각이 많아지는 밤. 나는 오늘, 따뜻한 집이 몹시 그립다.

우리는 행복해지기 위해서가 아니라
행복을 알기 위해서,
길 곳곳에서 체득하게 되는 그 방법을
몸 속 구석구석 습관처럼 새기기 위해서,
오늘 다시 한 번 배낭을 멘다.

03 돌아가도, 별은 계속 빛날 거야

#27
나의 사랑
몽환 필터

이걸 변덕이라고 불러야 할까? 사실 울적한 마음은 그리 오래가지 않았다.

마침내 그 길었던 이동의 마지막, 푼타 아레나스에서 최종 목적지인 푸에르토 나탈레스로 향하는 버스에 올라탔다. 하지만 현장에서 급하게 탔던지라, 표를 예매했던 사람들이 더 올라타자 나는 운전사 바로 옆, 계단 쪽으로 자리를 옮겨야 했다. 그러니까 똑같은 돈을 내고 고속버스 앞문 계단에 걸터앉아 가야 하는 거다. 당황스러웠다.

그런데 이게 웬걸! 그곳은 엄청난 명당이었다! 커다란 전면 차창을 통해 펼쳐지는 광경은 그야말로 예술이었다. 처음

232

나를 반긴 풍경은 광활한 평지였다. 그곳에 서 있는 풍력발전기인지 뭔지 모를 커다란 바람개비 세 개, 그리고 갑자기 나타난 짙은 코발트색의 바다, 그림 같은 양떼……. 나는 그곳에서 푸에르토 나탈레스를 온몸으로 맞이할 수 있었다. 그리고 그 풍경이 긴 기다림이 이제야 끝나간다고, 너는 다시 새로운 땅에 발을 디뎠다고, 마무리하기에는 너무 이르다고 알려주는 것 같아 다시 가슴이 뛰기 시작했다. 산티아고에서부터 내내 울적했던 마음이 순식간에 가셨다. 나의 변덕에 고개를 절레절레 흔들며 생각했다.

'나, 계속 여행을 할 수밖에 없겠구나!'

그리고 여기서 가장 중요한 것 하나. 그것은 바로 이 모든 것을 더 특별하고 아름답게 만들어주는 내 눈, 바로 몽환 필터였다.

나는 시력이 나쁘다. 오른쪽은 0.25, 왼쪽은 0.2. 거기에 난시는 덤. 그래서 평소 여행 중에는 소프트렌즈를, 숙소에서나 이동 중에는 안경을 낀다. 하지만 피부가 약한 탓인지 두 시간 이상 안경을 끼고 있으면 코받침에 눌린 부위가 금세 벌겋게 올라오곤 했기에, 그냥 안 보이는 채로 지낼 때도 많다. 그래서 사실 여행 전에 라식 혹은 라섹 수술을 하고 싶었다. 이유는 하나. 사막에서 밤하늘의 별을 세다 잠드는 게 꿈인데, 별을 세다 말고 렌즈를 빼고 자야 한다면 너무 분위기 깨지 않는가! 그것도 모래 묻은 손으로!! 하지만 퇴사 시기가 예정보다 조금 늦어지면서 그럴 여유가 없어져 버렸다. 그냥 매몰차게 나왔어야 하는 건가…….

그래서 이번처럼 장거리 이동을 할 때에는 종종 안경, 렌즈 둘 다 없이 세상을 바라보곤 하는데, 나는 그것을 '몽환 필터'라 부른다. 좋은 모습이든 안 좋은 모습이든 있는 그대로를 보는 것이 가장 좋다고 생각하지만, 그래도 때로는('때로는'의 마법!) 필터로 세상을 보는 것도 꽤 멋진 일이다. 특히 이동하며 창밖을 볼 때면 몽환 필터 덕에 내가 찾아가는 중인 미지의 장소에 대한 설렘이 배가되곤 했다. 이때 뿌연 세상에 색을 입히는 것은 대체로 나의 상상력이다. 그리고 그 색은 아주 '말랑말랑한 색깔'이라고 표현할 수 있겠다.

어쩌면 나를 몇 번이나 스쳐간 샛노란 꽃무리가 정말 꽃이었는지도 알 수 없는 노릇이다. 혹시 누런 말똥은 아니었을까? 아무렴 어떠랴, 오늘만큼은 몽환 필터를 잔뜩 씌워줄 테다! 나는 라식 수술 안 하고 오기를 잘했다고 생각하면서, 기사 아저씨가 건네준 마테차를 쪽쪽 빨며 푸에르토 나탈레스로 향하는 길 곳곳에 나만의 색을 마저 입히기 시작했다. 묘한 조합에 무지갯빛 나비 한 마리가 더해진다.

　'배고파도 낭만은 잃지 말자'던 수없는 다짐에 걸맞은 낭만 가득한 풍경이 새롭게 펼쳐졌다. 반갑다! 파타고니아!

세상을 아름답게 만드는 것은
어쩌면 아주 간단한 일인지도 몰라요.
내 눈, 마음, 머리에 있는 작은 필터 하나.
그게 이 세상을 아름답게도 하고, 때로는 어둡게도 만들죠.

당신은 어떤 필터를 가지고 있나요?
당신이 보는 세상은 어떤 색이에요?

#28
그 바람의
이름은

#길을 찾는 방법

트레커의 파라다이스라 불리는 파타고니아. 칠레 남부에서 아르헨티나 남부까지, 토레스 델 파이네, 피츠로이, 모레노 빙하 등 수많은 자연의 경이로움이 한데 모여 있는 곳. 그곳은 가히 천국이라 할 만했다. 그중 칠레의 토레스 델 파이네에서 나는 엿새를 보냈다. 그중 이틀은 비가 많이 내려 가만히 산세만 바라보며 시간을 보냈고, 나머지 사흘은 산봉우리를 오르고, 또 내리기만을 반복했다.

돈이 얼마 남지 않은 상태라 가이드나 안락한 산장은 꿈도 못 꾸고, 화장실조차 없는 – 정확히는 있긴 있지만 사용이 불가능한 – 열악한 무료 캠핑장이나 저렴한 유료 캠핑장을 애용했다. 물론 온 산이 화장실이고 중간중간 흐르는 계곡물이 모두 식수나 다름없었으니 별 상관은 없었다. 다만 아무리 꼭꼭 싸매고 누워도 새벽마다 찾아오는 엄청난 추위에 수십 번은 깨서 오들오들 떨어야 했단 것만 빼고 말이다(내가 간 9월은 남미의 겨울이었고, 툭하면 하늘에서 눈비가 쏟아지곤 했다).

그곳에서 나는 늘 그렇듯 무척 자주 길을 잃었다. 처음부터 아리송했던 것도 아니고, 너무도 당연하게 따르던 길이 어느 순간부터 사람이 다닐 수 없는 길로 이어져 있곤 했다. 이게 몇 번짼가. 아마 풍경에 눈이 팔린 내 탓이거나 혹은 그저 선천적으로 내 감각에 문제가 있는 걸 테지. 그렇게 나는 대체로 같은 길을 걸어도 몇 번이나 되돌아오는 탓에 시간이 남들의 곱절은 걸리곤 했다. 그런데 이젠 뭐, 대수롭지도 않다.

그래도 그렇게 계속 길을 잃다 보니 길을 찾는 노하우가 생겼다(길을 잃지 않는 노하우는 끝끝내 생기지 않았지만 말이다). 우선 길을 잃었다는 생각이 들면, 절대 당황하지 않고 초코바를 한입 베어 문다. 혹시 귤이 있다면 귤을 까먹으면 더 좋고. 당황할수록 길은 더 보이지 않는 법. 그냥 잠깐 쉬어 간다고 생각하는 거다. 그러고는 당장 눈앞이 아닌, 아주 먼 산세를 보며 — 혹 지도가 있다면 지도와 비교하며 — 방향을 찾는다. 인생이 그렇듯 가장 중요한 것은 언제나 방향이다. 그런 다음에는 그 방향을 향해 아주 멀리 내다보며 길이나 사람의 흔적을 찾는다. 중요한 건 바로 눈앞이 아닌 아주 멀리 내다봐야 보인다는 거다. 특히 하산하는 중이었다고 해서 무작정 내리막을 택하기보다는 외려 높은 곳으로 올라 침착하게 맞는 길을 찾는 편이 좋다.

보통 이쯤 되면 길을 찾을 수 있는데, 혹시 여전히 길을 찾지 못했다면 천천히 잘못 걸어온 길을 되돌아가며 바닥을 살핀다. 그러면서 올바른 방향으로 향하는 누군가의 발자국, 혹은 사람의 흔적을 찾는 거다. 그렇게 길을 찾고 나면, 마지막으로 초코바를 다시 한입 크게 베어 문다. 길을 찾았다면 이제 다시 나만의 산행을 시작할 차례니까.

#바람의 이름

사실 내가 원래부터 산을 좋아한 것은 아니었다.

늘 똑같아 보이는 산을 대체 왜 가는지, 어차피 다시 내려올 걸 왜 굳이 낑낑대며 올라가야 하는지 도무지 이해가 되지 않았다. 그런 나와 달리 엄마는 산악회를 따라 국내 곳곳의 멋진 산에 다니는 것을 굉장히 좋아했는데, 특히 예쁜 산에 다녀온 뒤에는 나를 아주 오래 붙잡고 사진을 보여주곤 했다. 왜, 엄마 나이대 산악인들 특유의 포즈 있지 않은가. 늘 같은 자세로, 늘 같은 표정으로. 게다가 죄 비슷비슷해 보이는 자연 풍경들. 처음에는 "우와 예쁘다!" 하다가도 몇십 장 반복되면서 "아…… 우와……" 영혼 없는 감탄사로 변하곤 했다.

엄마는 대체로 한차례 긴 트레킹을 마친 후엔 "어휴, 너무 힘들었어. 이제 다시는 산 못 가겠다. 이젠 진짜 끝이야 끝!" 해놓고는 잊을 만하면 다시 배낭을 둘러메곤 했다.

하루는 물었다.

"엄마, 대체 왜 계속 산에 가? 그렇게 힘들다면서. 그리고 힘들게 가봤자 매번 똑같은 모습뿐이잖아."

그러면 엄마는 이렇게 말했다.

"예쁘잖아. 그리고 산은 매번 달라."

"다르긴 무슨……."

"내 나이 돼보면 알 거다. 그 꽃이 다 그 꽃이 아니고, 그 나무가 다 그 나무가 아니란 걸."

엄마가 이야기한 그 말의 의미를 나는 떠나와서야 알 수 있었다.

사실 바람에는 각기 다른 이름이 있다고 한다. 이른 봄에 불어오는 바람은 살바람, 초가을에 선들거리며 부는 바람은 건들바람, 살갗에 닿으면 소름이 돋는 바람은 소소리바람. 여행 중 이 예쁜 이름들을 처음 알게 된 순간부터, 나는 바람이 불어올 때마다 그것의 이름을 떠올리거나, 혹은 직접 만들어내곤 했다.

그러다 한번은 생각했다.

'떠나오지 않았다면 과연 이 바람의 이름들을 알 수 있었을까? 혹여 안다 한들 이렇게 느껴낼 수 있었을까?' 하고.

글쎄, 답은 잘 모르겠다.

다만 한 가지, 죽을 때까지 그걸 알지 못했다면 사는 것 참 지루했겠구나 싶었다.

#세숫바람

사실 내가 제일 좋아하는 바람은 세숫바람이다. 참, 물론 내가 지어낸 이름이다.

길을 한번 잃었다 다시 찾고 나면 한동안은 풍경을 바라보기보다는 땅에 집중해서 걷곤 했다. 그렇게 고개를 숙이고 걷다 보니 땅에 내딛는 내 한 걸음 한 걸음에 온갖 사사로운 잡념이 가득 담긴다. 입에 담기에도 민망할 만큼 시시한 고민들 말이다. 그때부터는 나만의 시간이다. 나는 그 고민들을 되씹으며 바닥으로 파고들기도 하고, 몇 차례 한숨을 내쉬기도 한다.

그러다 문득 고개를 들면, 눈앞에 보이는 커다란 몸집의 설산이 마치 기대고 싶은 아빠의 넓은 등짝인 양 서 있다. 그리고 이렇게 말하는 듯하다.

"괜찮아, 별거 아냐. 너도 알잖아."

그러면 머리를 가득 메우던 고민들이, 정말 아무것도 아닌 것들이 되어 몽땅 날아가 버린다. 내 고민들이 얼마나 부질없었는지를 여실히 느끼게 되는 거다.

이처럼 때로는 수많은 말보다 어느 거대한 존재가, 그냥 그 존재 자체가 더 큰 위로가 되는 순간이 있다. 그리고 그것은 꽤나 중독성이 강한 위로다. 거기에 바람까지 한번 크게 불어오면 머릿속은 그야말로 갓 세수를 마친 듯 개운해진다. 난 그렇게 머리가 차가워지는 느낌이 참 좋았다. 그리고 나는 그것을 세숫바람이라 불렀다.

그대의 시시한 고민들이 쌓이고 쌓여
머릿속이 엉킨 실타래처럼 되어버리는 날이면
조금 추운,
산에 가보기를.

정상이 아니어도 좋으니,
그저 조금 높은 곳에 서서
잠깐이라도 모자를 벗어 든 채
머릿속이 서늘해질 정도로 휘젓고 지나가는
세숫바람을 만나보기를.

#29
우연히 봄

    남미에서 참으로 다양한 계절을 만났다. 고도가 다양한 대륙 특성상 어제는 여름이었다가 오늘은 겨울이고, 또 내일은 가을을 만나는 경우가 더러 있었다. 나는 내가 만나게 될 곳의 날씨를 미리 찾아보는 경우가 거의 없었는데, 그러다 보니 버스에서 내릴 때마다 매번 '이곳은 무슨 계절일까?' 상상하곤 했다. 한편으로는 원한다면 언제든 나의 계절을 선택할 수 있다는 것이 엄청난 행운처럼 느껴졌다.

    그럼에도 아직 단 한 번도 만나지 못한 계절이 있었다. 바로 봄이다. 정확히는 내가 제일 좋아하는 초봄 말이다. 꽃이 이제 막 고개를 내밀 듯 말 듯 하는 그런 봄. 그런데 긴 겨울을

03 돌아가도, 별은 계속 빛날 거야

보냈던 파타고니아를 떠나 부에노스아이레스에 도착한 순간, 정확히는 공항 밖으로 나온 순간 나는 환호하지 않을 수 없었다. 이 간질간질한 감각, 어쩐지 몽롱해지는 느낌, 딱 4월의 봄이었다! 꽃샘추위가 막 끝나 꽃이 피기 시작하는 순간의 낯익은 봄내음이 곳곳에서 풍기고 있었다. 이 익숙한 느낌을 최근에 언제 느껴봤더라, 생각하다가 작년 이맘때를 떠올렸다.

작은 사무실 안에서 해가 뜨는지 달이 뜨는지, 달이 언제 초승달에서 보름달로 부풀어가는지도 깨닫지 못한 채 하루하루를 보내다, 팀원들과 점심을 먹으러 나온 어느 날 오후, 나는 정확히 이 기분을 느꼈었다.

'아…… 봄이 왔구나!'

그날 나는 식사 후 점심시간을 쪼개 해결하려던 업무를 잠시 미뤄둔 채, 동네를 한 바퀴 돌며 봄내음을 맡았었다. 물론 그 결과는 야근이었지만 말이다.

그곳에서 맞이한 주말, 나는 봄을 닮은 원피스를 꺼내 입고, 신경 써서 화장을 했다. 남미에 온 이래로는 찢어진 알라딘 바지에 세수조차 안 한 민낯으로 다닐 때가 대부분이었는데, 오랜만에 공들여 화장을 하려니 몹시 어색했다. 그런 다음 잔뜩 구겨진 종이 지도 한 장 들고 숙소를 나섰다. 휴대폰이 없어 매일같이 손에 쥐고 다닌 터라 지도는 그야말로 너덜너덜했다.

그렇게 근처 광장에 가니, 잘 차려입은 남녀가 탱고를 추고 있었다. 누군가 탱고를 영혼의 섹스라 했던가. 그의 손끝과 그녀의 발끝이 야릇해 괜히 발가락을 꼼지락거리다가, 그들이 서로의 눈을 바라보는 모습을 보며 가슴의 간질거림을 느꼈다. 춤을 추는 순간만큼은 서로를 진심으로 사랑하고 있는 게 분명했다. 비록 사람들이 호스텔에 남기고 간 오래된 식재료로 연명하던 때였지만, 그들에게 주는 팁만큼은 아낄 수가 없었다. 앞에 놓인 검은 모자에 지폐 한 장을 넣자 여자는 내게 미소를 지어 보인다.

탱고의 발상지, 카미니토 거리에 가니 더 많은 남녀의 춤사위를 볼 수 있었다. 뿐만 아니라 가는 길목 곳곳에는 꽃이 피어 있었다. 나는 '오늘의 행복해지는 시간'은 바로 여기라는 생각에, 근처 마트에 가 삼천 원짜리 와인을 한 병 샀다. 그리고 햇빛 좋은 자리를 살폈다. 이로 인해 오늘도 한 끼는 굶어야겠지만, 노상 와인의 행복은 도무지 포기할 수가 없다. 그렇게 와인을 병째 들고 몇 모금 꼴깍이다 보니, 노랫말이 절로 떠올랐다. 나는 머릿속에 떠오른 그것을 들릴 듯 말 듯 잠깐 흥얼거리다가, 그냥 소리 내어 불러버렸다. 못 부르는 노래를 크게 불러도 이상할 게 전혀 없는 곳이었다. 봄날의 부에노스아이레스는.

사실 부에노스아이레스로 오기 직전까지, 파타고니아에서 머문 2주 동안은 몹시도 추웠다. 물론 그 덕에 사람의 온기가 더 따뜻하게 느껴지기도 했지만, 매일같이 온몸을 덜덜 떨다 보니 만성 근육통이 가시지를 않았다. 거기에 눈비는 왜 그리도 자주 내리던지, 숙소에 돌아오면 젖은 신발과 꽁꽁 언 발을 살피는 게 일상이었다. 그러다가, 우연히 봄이라니!

내게 늘 봄날만이 가득하기를 바라던 때가 있었다. 나의 스물, 그 빛을 떠나보내며 다시는 돌아오지 않을 봄을 보내듯 속이 쓰렸다. 하지만 참으로 바보 같은 생각이었다. 그 이후에도 내게는 계속해서 여름이, 가을이, 겨울이, 그리고 마침내 봄이 찾아오곤 했다. 봄은 분명히 왔다. 그리고 이제는 그렇게 찾아온 봄이 영원하기를 바라지 않는다. 봄 그 자체가 나를 행복하게 만들기보다는 여름과 가을, 그리고 긴 겨울을 보냈기에 더더욱 행복한 것임을 이제는 아주 잘 알고 있기 때문이다. 마치 내가 견뎌낸 하루하루가 있었기에 오늘의 여행이 더 행복하듯 말이다.

그래서 나는 봄을 너무나 사랑하지만, 내 청춘이 항상 봄이기를 원치는 않는다.

무더운 여름 끝, 가을에 기뻐하고, 겨울에 펑펑 쏟아지는 눈을 맞아내다, 마침 오늘처럼, 기어이 돌아온 봄을 반가워하는, 그런 청춘이고 싶다.

사계절을 꼭 닮은.

유난히 매서운 겨울이 있다.
특히 나에게만 유난히 매서운 것 같은
어쩐지 서글픈 겨울이 있다.
그럴 때면 딱 하나만 기억할 것.
이 겨울이,
분명히 돌아올 나의 봄을
훨씬 더 빛나게 만들어줄 거라는 사실을.

그대의 여행을 빛내줄 비밀 셋 :

오늘, 행복해지는 방법

　오늘 하루 행복했던 순간을 기록해 봅니다.

　몇 자의 글로, 오늘이 지나면 금세 지워져 버릴 그 선물 같은 순간을 영원히 간직하는 거죠. 행복 한 모금 필요할 때 언제고 꺼내볼 수 있도록 말이에요.

　참, 여기서 행복은 사실 별게 아니에요.

　아주 잠깐 마음이 붕 뜨는 순간, 날갯죽지가 은근히 간지러운 순간, 어쩐지 입꼬리가 움찔거리는 순간, 그런 순간들 말이에요.

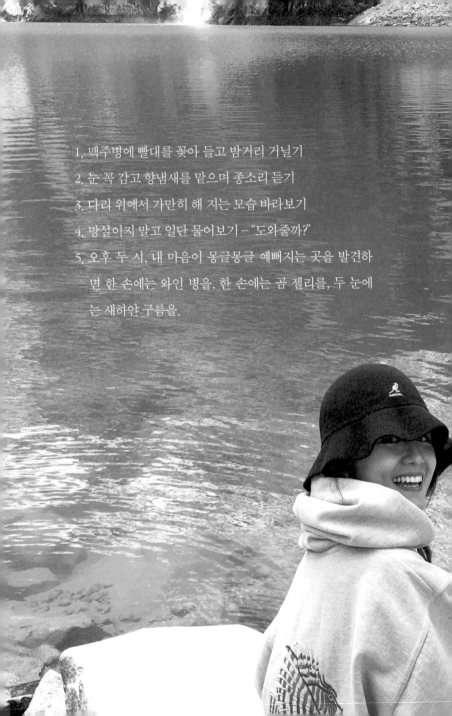

1. 맥주병에 빨대를 꽂아 들고 밤거리 거닐기
2. 눈 꼭 감고 향냄새를 맡으며 종소리 듣기
3. 다리 위에서 가만히 해 지는 모습 바라보기
4. 망설이지 말고 일단 물어보기 – "도와줄까?"
5. 오후 두 시, 내 마음이 몽글몽글 예뻐지는 곳을 발견하
   면 한 손에는 와인 병을, 한 손에는 곰 젤리를, 두 눈에
   는 새하얀 구름을.

6. 입가에 묻을 것 걱정하지 말고 초콜릿 가득 묻은 굴뚝빵을 한입 크게 베어 물기
7. 맑은 공기 한입 가득 담아 살짝 혀를 굴려보기
8. 게스트하우스에서 불 끄기 전에 "Have a sweet dream"이라고 인사 건네기
9. 누구의 발자국도 보이지 않을 때까지 사막 거닐기
10. 어쩐지 어깨가 씰룩거릴 때면 누구의 시선도 의식하지 말고 신나게 막춤 추기

.
.
.

한순간도 여행자가
아닌 날은 없었다

길고도 짧았던 244일간의 여행이 끝났다.
그리고 바로 그때, 새로운 여행이 찾아왔다.
어쩌면 내게는 이편이 더 비현실적이었다.

#30
갑작스러움에
몸을 맡길 것

감상에 빠질 틈이 없었다. 전날 새벽에야 짐을 싸기 시작한 탓에 두 시간밖에 자지 못했고, 비행기 이륙과 동시에 곯아떨어져 러시아 블라디보스토크에 도착해서야 눈을 떴다. 눈곱이 덕지덕지 들러붙은 잔뜩 충혈된 눈을 몇 차례 비볐다. 여행의 시작이 이토록 덤덤할 줄이야. 하지만 별다른 설렘 없는 이 느낌도 썩 나쁘지 않았다. 이게 나의 당연한 일상인 양, 늘 배낭을 둘러멨던 것처럼. 마치 한순간도 여행자가 아니었던 날이 없는 것처럼. 나의 일상과 여행에 별다른 구분선이 없는 것처럼. 그렇게 덤덤하고 또 담담하게 새로운 여행을 시작했다.

숙소에 도착하니 이미 저녁이었다. 나는 오랜만에 아주 달콤한 꿈을 꾸며 첫날의 밤을 보냈다. 그리고 아침, 햇살이 가득 들어찬 방은 생각보다 예뻤다. 나는 그곳에서 눈을 떴다 감았다 하기를 한참 반복하다 느지막이 몸을 일으켰다. 누구보다도 하루를 늦게 시작하는 건 장기 여행자의 빼놓을 수 없는 즐거움 중의 하나다. 햇살에 따땃하게 데워진 창가에 걸터앉아 홍차 한 잔을 마셨다. 그렇게 정신이 조금 들자 지난밤 뒤척임으로 산발이 된 머리를 대충 올려 묶은 채 호스텔 주방으로 아침을 먹으러 갔다. 그리고 그곳에서 아나스타샤를 만났다.

호스텔 주방에서 새로운 사람을 만나는 것은 몹시 흔한 일이다. 그리고 내가 꽤 좋아하는 일이기도 하다. 먼저 아침을 먹는 중이던 그녀, 아나스타샤는 모스크바에서 왔으며, 서른 번째 생일을 맞아 난생처음 홀로 여행 중이라고 했다. 그녀는 영어를 잘하지 못했고, 나는 러시아어를 할 줄 몰랐지만 딱히 문제가 될 것은 없었다. 짧은 단어의 나열과 번역기의 도움, 그리고 몸짓이라는 여행자의 언어가 있었으니까.

"너는 오늘 뭐 해?"
"글쎄, 뭐 할까 생각 중이야."

"나는 오 분 있다가 렌트해 둔 차를 타고 루스키 섬에 갈 거야. 너도 같이 가지 않을래?"

"오 분 후에?"

"응. 오 분 후에."

아침 한나절 여유롭게 흘러나오던 클래식 음악이 뚝 끊기는 듯했다. 오 분 전 처음 만난 이가 오 분 후에 함께 여행을 가자고 한다. 잠깐, 오 분이면 머리도 못 감잖아? 참, 그래서 그녀가 어딜 간다고? 아직 카메라 배터리도 충전 안 됐는데? 따위의 생각이 잠시 머릿속을 스쳤다. 하지만 그것들은 이내 사라져 버렸다. 그래, 이게 여행이었지! 여유로운 아침을 선호하는 나지만, 그래도 오늘은 이 '갑자기'에 온몸을 맡겨보기로 했다.

"그래, 그러자."

렌터카는 그녀의 표현을 빌리자면 'Trash(쓰레기)'였다. 아주 오래된 듯한 불순물이 차 안 여기저기에 더덕더덕 붙어 있었고, 곳곳이 고장 나 고물차마냥 삐거덕댔다. 차에 들어 있던 카세트테이프에서 흘러나오는, 러시아어로 된 노래를 향해

04 한순간도 여행자가 아닌 날은 없었다

그녀는 "우리 엄마, 아니 우리 할머니나 좋아할 노래야"라며 고개를 절레절레 저었다. 낡고 오래된 것들을 만날 때마다 우리는 "Oh~ our trash……"라는 탄식을 덧붙였다.

날씨마저 우리 편이 아니었다. 안개가 자욱해 루스키 섬에 도착해서도 제대로 된 풍경 하나 볼 수 없었다. 나름 뷰포인트라는 곳에 도착해 말없이 멍하니 서 있던 우리는

"뭐가…… 보여?"
"아니……?"

하고는 까르르 웃어버렸다.

안개가 턱밑까지 차오른 그곳을 한 바퀴 돌아본 후, 우리는 어느새 할머니나 좋아할 거라는 그 노래들에 리듬을 타며 그녀가 발견한 맛집이 있다는 토카렙스키 등대 근처로 향했다. 그곳에는 해산물 가게 하나가 덩그러니 있었는데, 거기서 킹크랩을 2인분 포장했다. 한국인들에게 유명한 주마 레스토랑에 비하면 5분의 1밖에 안 되는 가격이니 오늘의 소小행운인 셈이었다.

우리는 킹크랩을 싼 비닐봉지를 들고 털레털레 등대의 끝으로 가 그것을 펼쳐놓았다. 껍질 안에는 통통한 게살이 꽉

들어차 있었는데, 살을 빼 먹으려 껍질을 톡 쪼갤 때마다 하
얗고 비릿한 국물이 사방에 튀곤 했다. 결국 얼굴, 머리카락,
옷, 가방 곳곳이 허연 게 국물 범벅이 됐다. 이 대목에서 다시
한바탕 까르르. 그 맛이 어땠느냐고 묻는다면? 내 러시아 여
행을 통틀어 감히 최고의 맛이었다.

　그 후에도 나는 그녀가 아니었다면 절대 몰랐을 곳곳에
숨겨진 비밀 장소를 찾아갔고, 먹고, 마셨다. 나는 우리의
'Trash'도, 어느 하나 제대로 볼 수 없게 만드는 지독한 안개

도, 온몸 곳곳에서 스멀스멀 올라오는 게의 비릿한 냄새도 결코 싫지 않았다. 갑작스럽게 맞이한 오늘의 모든 순간이 선물처럼 느껴졌다. 그리고 '시작이 조금 설레지 않았더라도 괜찮아! 네가 사랑한 여행이 이런 거였잖아! 까먹지 않았으면 됐어!'라고 누군가 외치는 듯했다.

우리는 마지막으로 블라디보스토크에서 제일 유명한 전망대로 꼽히는 독수리 전망대로 향했고, 그곳에서 십 분쯤 더 걸어가면 나오는, 사람이라곤 두세 명이 전부이던 이름 모를 곳에서 함께 노을을 보았다.

"아나스타샤."

"응?"

"너의 서른 번째 생일이 누군가에게 멋진 선물이었다는 걸 네가 꼭 알아줬으면 좋겠어."

"음…… 번역기, 번역기!"

"헤헤, 생일 축하한다고."

그래, 여행의 가장 큰 매력이 이런 거였지.

'갑자기'

'문득'

'느닷없이' 같은 것…….

그런 서프라이즈 선물이 다가왔을 때 제일 중요한 것은

나의 노래를 잠시 멈추고,

'갑자기'에 온몸을 맡겨버리는 것.

맞아, 이게 여행이었지.

#31
집순이 여행자,
내 이름은
여행자MAY

여행을 하지 않을 때 내가 가장 좋아하는 일은 래퍼 '도끼'의 노래를 틀어놓고 웹툰을 보며 감자칩을 먹는 일. 그러다 나의 늙은 강아지 – 올해로 열여섯 번째 해를 함께하고 있지만 내게는 영원히 강아지로 남을 – 와 눈이 마주치면 한참을 비비적거리는 일이다. 그러다 밖에 나갈 일이 생기면 미뤄둔 일을 오늘 다 처리하겠다는 각오로, 그래서 기필코 내일 나갈

04 한순간도 여행자가 아닌 날은 없었다

일을 남겨두지 않겠다는 마음으로 모든 일을 처리하고 의기양양하게 돌아오곤 한다. 여행을 좋아하는 자아와는 별개로 내 한편에는 그런 자아가 늘 숨 쉬고 있다. '지킬 앤 하이드'처럼 극단의 양면성을 지닌 셈이지만 아무튼 그 또한 나다. 그 자아는 내가 여행을 하는 도중에도 때때로 튀어나와 나를 '집순이 여행자'로 만들곤 하는데, 대체로 햇살이 잘 드는 예쁜 방을 얻었을 때가 그러하다.

블라디보스토크에서 얻은 숙소의 널찍한 침대에 가만히 누워 있노라면 누군가 강아지풀로 가슴을 간질이는 듯한 느낌이 들었다. 그럼 나는 이불 속에서 뭉그적거리거나, 아니면 좁은 창틀에 꾸역꾸역 올라가 홍차를 들고 쪼그려 앉은 채 아주 오랫동안 창밖을 바라보며 시간을 보내곤 했다. 그러면 창밖 가득한 초록색들이 눈을 편안하게 해주었다. 상할 대로 상한 시력이 회복되는 느낌이랄까. 그래서 나는 마치 안과를 찾는 듯한 심정으로 자꾸만 그곳에 기어들어 갔다.

참으로 '행복한 방구석'이었다. 블라디보스토크에서 나의 행복은 방 밖이 아닌 방 안에 있었다. 물론 이런 적이 처음은 아닌 것 같지만 말이다(대표적으로 프라하에서 그랬었지). 홍차 한모

270

금에 "행복하다"라는 말이 반사적으로 튀어나온다면 말 다 한 거 아닌가? 그렇게 나는 방 밖으로 나가지 않는 나를 합리화하기 시작했다.

"잘 생각해 봐.

방 안쪽에는 세계 곳곳의 풍경이 담긴 근사한 사진들이 걸려 있고,

다른 한편에는 보기만 해도 설레는 세계지도,

그리고 한쪽 구석에는 작은 난로가 이렇게 따뜻한 온기를 가득 내뿜고 있는데

이 방을 뿌리치고 나간다면 그건 과연 좋은 여행이야?

나는 잘 모르겠는데?"

그렇게 중얼대며 한 시간은 더 있는 거다.

에라, 모르겠다.

세상에는 타인의 여행을 평가하는 이들이 참 많은데

그중 누군가가 오늘의 내게

"방구석에 있을 거면 여행을 왜 왔느냐"고 묻는다면

나는 "새로운 방구석을 만나러 왔노라"고 답해야겠다.

#32
아무것도 하지 않아도
괜찮은 시간

블라디보스토크에서 사흘을 머문 후, 드디어 시베리아 횡단열차에 올라탔다. 새하얀 설경 대신 온갖 푸르른 것들의 향연. 그 사이를 지나는 낡은 열차. 그중에서도 유난히 사람으로 복작거리는 삼등석, 그 중간쯤에 내 자리가 있었다. 블라디보스토크에서 이르쿠츠크까지, 그리고 다시 모스크바까지. 낯선 나라, 낯선 열차, 낯선 눈동자 속에서의 일주일. 내가 가본 어떤 여행지에서도 이보다 더 이방인의 느낌을 만끽할 수는 없었다. 열차가 큰 역을 지날 때면 잠깐 인터넷이 가능하기도 했지만, 나는 내가 살던 그곳과의, 그리고 내 머릿속을 가득 메우던 그것들로부터의 단절을 택했다. 완벽하진 않았지만 선택적 단절이라 해둘 수 있겠다.

'아무것도 하지 않는 시간.'

좀 더 정확히 말하면 '아무것도 하지 않아도 괜찮은 시간' (심지어는 제대로 씻을 만한 환경이 아닌 탓에, '씻는 것조차 하지 않아도 괜찮은 시간'). 그것은 곧 온전히 나의 사람에게 집중할 수 있는 시간이기도 했다. 번역기를 보거나 함께 사진을 찍을 때를 제외하고는 휴대폰은 필요치 않았다. 관심 가질 건 오로지 내 앞을 스쳐가는 수많은 너, 혹은 나뿐이었다. 그렇다 보니 그곳에서 가장 많이 한 일은 '안녕'을 말하는 일이었던 것 같다. 만남의 안녕과 이별의 안녕, 둘 다.

　"안녕?"
　"안녕!"

　"나는 여덟 살이야. 너는?"
　"나는…… 스물여덟 살이야."

　"반가워."
　"반가워."

　"나는 이제 내려."
　"그렇구나."

　"안녕."
　"안녕."

　그곳에서의 시간은 생각보다 빠르게 지나갔다. 최고 연장
자가 12세였던 어린 무용수들과 카드 게임을 하고, 한국인 구
독자 친구를 만나고, 잠을 자고, 음악을 듣고, 러시아 친구와

번역기를 돌려가며 대화를 나누고, 그가 건네는 홍차를 마시고, 컵라면을 먹고, 술에 취한 맞은편 이에게 시달리기도 하고, 일기를 쓰기도 했다. 그렇게 시간은 금세 흘러 열차에서 다섯 번째 아침을 맞이했다.

늘 그렇듯 다른 이들의 대화 소리를 들으며 가장 늦게 잠에서 깨어났다. 나와 같은 자리의 이 층 침대를 사용하고 있는 P가 내 다리맡에 앉아 차를 마시고 있었다. 그러다 내가 잠에서 깬 것을 보고는 인사를 건넨다.

"도브로예 우트로(좋은 아침이야)."

나는 눈을 다 뜨지도 못한 채 입부터 쭉 벌려 웃어 보였다. 나는 내 침대에 걸터앉아 있는, 나보다 스무 살쯤 많아 보이는 저 낯선 남자가 고작 이틀 본 사이라는 것을 믿을 수 없었다. 낯선 땅, 낯선 열차 안의 몹시도 익숙한 아침이었다.

내가 잠에서 깨어나면 그는 끊임없이 나를 먹였다. 작고 마른 몸의 나를 튼튼하게 만들어주겠다는 취지라고 하는데, 사실은 그냥 내 반응을 즐기는 것 같았다. 그의 가방에서는 마치 도라에몽의 주머니처럼 먹을 것이 끊임없이 나왔는데, 그는 그것들을 온종일 내게 건넸다.

오늘도 마찬가지였다. 아침부터 계속 먹어댄 탓에 배가 빵빵해져서 도저히 더는 못 먹겠다고 손사래를 쳐도, 그는 고개를 절레절레 흔들며 직접 손질한 먹을 것(대체로 빵, 토마토 등)을 코앞까지 내밀고는 내가 먹을 때까지 일 분이고 이 분이고 기다리곤 했다. 팔이 아파 죽을 것 같다는 과장된 표정은 덤. 그럼 나는 "으휴!!!" 하며 그의 팔뚝을 한 대 때리고는 그것을 꾸역꾸역 받아먹었는데, 그는 그럴 때마다 세상에서 제일 재미있다는 표정을 지어 보이곤 했다.

그와 내가 말이 잘 통하는 친구 같아 보일 수 있겠지만, 사실 우리는 서로의 언어를 전혀 몰랐기에 대화를 이어나가기가 꽤 어려웠다(그는 영어를 단 한 마디도 못 했다). 오프라인용 번역기가 있었지만 엉뚱한 번역 결과를 가져오기 일쑤였고, 막상 편한 사이가 되고 나니 그마저도 번거롭게 느껴져서, 그가 한 번 꼬집으면 나는 주먹으로 툭 치고, 서로 몰래 머리를 잡아당기는 등 말이 필요 없는 장난을 일삼곤 했다.

P는 굴착기, 혹은 그 비슷한 기계의 운전기사였다. 처음에 사진을 보고 내가 "오오~" 하며 꽤 괜찮은 반응을 보이자 그는 신이 났는지 거의 똑같아 보이는 사진을 열댓 장이나 보여주었다. 처음에는 유심히 살피며 반응을 보이다가 나중에는 장난으로 마치 '복사하기-붙여넣기'를 한 듯 "오호~", "오호~", "오호~" 같은 리액션을 기계적으로 반복하자 그는 내 이마에 꿀밤을 먹이는 시늉을 했다. 나는 그를 '빅 브러더'라고 부르곤 했는데, 정말로 몇 년 사귄 지기(知己) 혹은 진짜 삼촌과 다를 바 없었다. 이것은 특유의 낯가림 탓에 쉬이 깊게 친해지지 못하는 내겐 아주 특별한 일이었다.

"도 스비다니야 (잘 가)."

'안녕-'이라는 인사말은 너무 짧아서 조금 슬픈 것 같다고 생각한 적이 있었다. 그나마 러시아는 헤어짐의 인사가 조금 더 길어서 다행이었다. 러시아 현지인들은 여행이라기보다는 고향, 혹은 일터에 가기 위해 열차를 타는 경우가 대부분이라 여행자만큼 길게 가는 이는 드물었다. 그래서 오늘 내 맞은편 자리에 앉은 이와 인사를 나누고, 조금씩 정이 들고, 그러다 하루 이틀 후 이별하는 일이 반복되었는데, 무수히 '도스비다니야'를 외치는 동안 그래도 P는 비교적 오래 내 곁을 지켜주었다.

하지만 어쩔 수 없는 방랑자의 신세란. 마침내 P와의 이별이 다가왔다.

"나 세 시간 후면 내려."

그가 그 말을 했을 때부터 나는 끊임없이 정수리를 두드려야만 했다. 여기서 한번 눈물이 터져버리면 절대 멈추지 않을 것 같은데, 정수리를 때리면 어쩐지 눈물이 조금은 들어가는 느낌이었으니까. 나는 나의 P를 몇 번이나 끌어안았고, 내년 겨울에 꼭 다시 올 거라고, 그때까지 부디 나를 잊지 말라고, 손가락을 두 번이나 걸고도 계속해서 신신당부했다. 그는 내 번역기에 마지막으로 두 마디를 남겼는데, 번역기가 내놓은 그 엉성한 결과물이 너무도 슬퍼서 결국 한 방울을 찔끔 흘려버렸다.

[익숙해 및 부분 슬픈에]
[잊지 마십시오]

그리고 마지막으로 유난히 더 긴 호흡으로 길게, 아주 길게 인사를 건넸다.

"도- 스비다-니-야!"

그를 배웅하고 자리로 돌아온 후, 얼마 지나지 않아 열차 안의 모든 불이 꺼졌다. 그것이 나에게는 참 다행이었다.

내게 시베리아 횡단열차가 무엇이었냐고 묻는다면,

나는 조금의 고민도 없이 '사람'이었노라고 답할 것이다.

내게 러시아어를 알려주던 할아버지와 아들, 어린 무용수 친구들, 정치 얘기를 좋아하던 아저씨, 너무나 사랑스러운 눈빛을 가진 홍콩 친구들, 말수가 적었지만 마지막에 잡은 손은 참 따뜻했던 할아버지, 직접 재배한 채소를 끊임없이 나눠주던 아주머니……

감히 다시 만날 기약조차 할 수 없던 수많은 이들.

고작 하루하고 반나절이면 떠나는 이들이 대부분이었지만

그 시간 동안 내 앞자리에 앉았다면

우리는 분명히 친구였다.

그래서 슬펐다.

맞다.

어쩌면 우리 여행자는

P의 말처럼

'슬픔에 익숙한,

혹은 익숙해져야 하는 사람들'인지도 모르겠다.

#33
여행이 언제나
행복한 것은 아니다

"언니, 언니의 영상을 보며 꿈을 키
워 여행을 왔어요.

그런데 막상 와보니 생각한 것처럼
여행이 행복하지가 않아요.

언니, 여행이 원래 이런 거예요?"

갓 여행을 시작한 어린 친구의 절망
감이 담긴 메시지에 나는 잠시 생각에
빠졌다. 이 황홀한 풍경 속에서 시선을
가로막고 머리에서 계속 맴도는 말.

나는 여전히 여행 중 수없이 사사로운 감정들에 휘청이곤 한다. 그럴 때면 두 다리로 곧게 서 있으려 노력하지만, 생각처럼 쉽지가 않다. 눈물 나게 예쁜 바다를 앞에 두고 스쳐가는 이에 대한 원망감에 엉엉 울기도 하고, 괜한 화를 이기지 못해 씩씩대며 밤을 지새우기도 한다. 또 내 사람들에 대한 그리움에 우울해하기도 하고, 때로는 이불 밖으로 고개만 빼꼼 내민 채 무기력감에 시달리기도 한다. 오늘의 여행과는 전혀 상관없는 사사로운 감정 때문에, 모스크바에서의 첫날처럼.

모스크바, 그곳을 처음 만나던 날, 그곳의 색깔은 온통 회색빛이었다. 하지만 그것은 진짜 모스크바의 색이 아니라 그곳을 바라보던 그날, 내 마음의 색이라는 것쯤 이제 아주 잘 알고 있다. 이처럼 나의 사사로움은 여행지의 기억을 전부 뒤덮을 정도로 꽤나 힘이 세다. 어제의 산은 설레지만 오늘의 산은 슬프다. 어제 평화롭기 그지없던 노을이 오늘은 자꾸만 미워져, 울컥하고 올라오는 무엇을 꾹꾹 눌러 담게 만든다.

하지만 단 하나, 그전과 달라진 점이 있다면 이젠 이게 너무도 당연한 일임을, 결코 나의 문제가 아님을 잘 알고 있다는 거다. 내가 휘청이는 것은 내 두 다리가 나약하기 때문이 아니다. 사사로움에 기대어 살아가는 인간이기에, 그것이 일상이든 여행이든 사사로운 감정에 흔들리는 것은 아주 당연한 일이다. 가끔 들여다보는 인스타그램 속 저 행복한 얼굴에도 때로는(어쩌면 꽤 자주) 그늘이 드리울 것을 안다. 남들이 부러워하는 사진 속의 나 역시 오늘 이 방 안에서는 청승맞게 눈물을 찔끔거리지 않았던가. 그래서 결코 쉬이 판단하지 않는다. 그 잣대는 타인에게도, 그리고 나에게도 마찬가지다. 그 순간의 나에게 엄격한 잣대를 휘두를 것 없다. 넌 왜 이리도 나약하냐고 탓할 것 없다. 그저 친구의 불행을 달래주듯이, 딱 그만큼만 더 상냥하게 등을 토닥이며 "그래, 실컷 울고 털어내" 하고 위로해 주면 그만이다.

떠나기 전 꼭 명심해야만 하는 사실. 여행이 결코 행복하기만 할 수는 없다. 여행이라서 그런 게 아니고, 그냥 우리 삶이 그런 거다. 행복하지 않다고 그대의 여행에 문제가 있는 건 결코 아니다. 일상의 불행에 대해 우리가 그러하듯, 그냥 그렇게 받아들이고 오늘의 여행을, 그리고 내일의 여행을 이어가면 그만이다.

그 친구에게 보내는 메시지에는 현실적인 답을 덧붙였다. 참고로 그녀의 불행을 야기하는 가장 큰 요인은 두려움이었다.

"지금 무리해서 다른 곳으로 이동하려 하지 말고, 지금 있는 그곳에 며칠이고, 몇 주고 더 머물러봐요. 그리고 같은 길을 걷고, 자주 가는 가게를 만들어요. 그렇게 시간을 보내며 꼭 느껴보길 바라요. 두려움이 익숙함으로 변하는 순간의 짜릿함을."

삶의 기준은 늘 그대 안에 있다.
방랑자의 삶도, 회사원의 삶도, 구도자의 삶도.
중요한 것은 그대에게 만족을 줄 수 있는가 하는 것이다.

마찬가지로 여행의 기준도 늘 그대 안에 있다.
입이 쩍 벌어질 만큼 모험적인 여행도
누군가는 비난하는 사진만 찍는 여행도
보는 것에는 관심이 없고 먹기만 하는 여행도
그대에게 만족을 줄 수 있다면 그 자체로 옳다.

중요한 것은
타인의 기준이 아닌,
철저하게 당신의 기준에 맞춘 만족.
그대가 행복할 수 있는 여행을 하자.

#34
찰랑이는 술 한잔에
충분히 취할 것

  사 년 전, 처음으로 혼자 유럽 땅을 밟아 어리바리하며 연신 두리번거리던 나에게 독일에서 만난 이가 조언을 하나 해 주었다.

  "유럽을 더 제대로 느끼고 싶다면
  아침마다 와인이든 맥주든 약간의 알코올을 섭취해 봐."

04 한순간도 여행자가 아닌 날은 없었다

293

나는 그의 말을 따랐다. 기회만 되면 해가 중천에 떠 있어도 약간의 알코올을 섭취했다. 그 결과 나는 유럽에 더 흠뻑 취할 수 있었다고 확신한다.

그때 들인 버릇을 나는 지금까지도 이어오고 있다. 과음은 좋아하지 않지만, 햇빛이 좋은 날 살짝 기분이 들뜰 정도의 알코올을 몸에 넣어준 후 노래를 들으며 길을 거니는 것이 여행 최고의 미덕이라고 믿어 의심치 않는다. 신기한 것은 평소에는 맥주 한잔이면 시원하게 목을 축이는 음료수 정도라고 생각했는데, 여행지에서의 맥주 한잔은 나를 금세 알딸딸하게 만들곤 한다는 사실이다. 그것이 맥주에 취한 건지, 여행지에 취한 건지는 잘 모르겠지만 말이다.

그런 내게 조지아는 더없이 완벽한 곳이었다. 자연이 그리워져 모스크바에서 한달음에 날아간 조지아는 캅카스산맥을 끼고 있어 평화로운 자연 그 자체였다. 낡은 것의 아름다움을 느낄 수 있는 건물들은 또 얼마나 매력적인지. 참, 저렴한 물가는 덤!(관광 물가는 최근에 오르고 있는 추세인 것 같긴 하다. 갈 거면 빨리 갈 것을 추천!) 그래서 여행 좀 해봤다는 이들 사이에서는 새롭게 떠오르는 블랙홀 중 하나다.

"물보다 와인에 빠져 죽는 사람이 더 많다."

_ 조지아 속담

내가 조지아를 사랑했던 가장 큰 이유 중 하나는 단연 와인이다. 조지아는 동유럽을 대표하는 와인 종주국인데, 실제로 와인에 대한 조지아인들의 자부심은 대단하다. 기쁜 날은 기뻐서 스물여섯 잔의 와인을, 슬픈 날은 슬퍼서 열여덟 잔의 와인을 마신다고 하니, 그들의 와인 사랑을 짐작해 볼 법하다. 과연 명성에 걸맞게 이곳의 와인은 상당히 맛있고, 저렴하다. 물론 달달한 것을 선호하는 내게 이곳 특유의 드라이함이 딱 맞지는 않았지만, 갓 나온 따끈한 푸리(화덕 내벽에 밀가루 반죽을 붙여 굽는 조지아 전통 빵)와 함께라면 더할 나위 없이 완벽했다.

트빌리시 곳곳에는 수많은 와인숍이 있다. 특히 올드타운에 유난히 많은데, 사실 진짜 유명한 숍은 대체로 올드타운 바깥쪽에 위치해 있다. 나는 그중에서도 손꼽힌다는 와인숍을 찾아 테이스팅을 하고 싶다고 말했다. 그러자 이래도 되나 싶을 정도로 아낌없는 맛보기가 이어졌다. 한 잔, 두 잔, 세 잔, 네 잔…… 금세 알딸딸하게 취기가 오른다. 나는 그곳에서 두 손 무겁게 돌아와 올드타운 골목골목을 걸었다. 곧 비

가 오려는지 사방에서 비 내음이 진하게 풍겨왔다. 비 냄새가
원래 이렇게 달았던가? 하필이면 비가 자주 내리는 시기에 찾
아온 탓에 갑작스럽게 쏟아지는 비를 몇 번이나 맞았던 터다.
그래서 날씨 운이 없다고 불평하곤 했었는데, 어쩐지 오늘만

큼은 비를 맞아도 좋겠다는 생각이 들었다. 와인에 취했던 걸까, 올드타운의 노란 불빛에 취했던 걸까. 아무튼 꽤나 취한 밤이었다.

내가 여행에서 세운 몇 가지 중요한 철칙 중 하나는 이것이다. '오늘 내 손에 쥐어진 이 찰랑이는 술 한잔에 충분히 취할 것.' 단, 그것이 꼭 술일 필요는 없다. 244일간의 여행이 끝나고 잠시 휴식기를 가질 때에도 나의 하루하루가 여행과 다를 바 없었던 것은, 생각해 보면 늘 충분히 취했기 때문이 아닐까 싶다.

어정쩡하게 발을 담근 채 뒤따를 숙취를 걱정하느라 이도 저도 못 한 채 시간을 보내지 않았다. 자유로운 삶을 향한 꿈에 제대로 취해 열심히 헤엄쳤고, 몇몇 기회가 찾아왔다. 그렇게 분명히 그 꿈에 한 걸음 더 가까워졌다. 오늘의 사랑에도 그러했고, 도전하고픈 무언가가 생길 때에도 그러했다. 맞다. 모두와 똑같은 것이 미덕인 줄 알고 평범하게 흘러가던 과거의 내 삶에서 정말 필요한 건 바로 이거였다.

오늘 내 손에 쥐어진 이 찰랑이는 술 한잔에 충분히 취할 것.

#35
쉬운 길을 포기했을 때
얻어지는 것

조지아 북부에 있는 메스티아에 도착했다. 메스티아는 그 자체로도 충분히 매력적이지만, 많은 여행자들이 조지아의 작은 스위스, 우쉬굴리에 가기 위해 잠시 들렀다 가는 곳이기도 하다. 메스티아에서 우쉬굴리까지는 미니버스로 세 시간 남짓. 나 역시 이번 조지아 여행에서 가장 기대하고 있는 그곳을 당장 이틀 후 방문할 예정이었다. 얼핏 우쉬굴리까지 가는 트레킹 코스가 있다는 얘기를 듣기는 했지만 한국인들에게 잘 알려져 있지 않아 마땅한 정보도 없었고, 무엇보다 편한 방법을 뻔히 두고 돌아가는 게 비효율적으로 느껴져서 애초에 배제한 터였다.

하지만 문제는 메스티아에 도착해 차에서 내리는 순간 발생했다. 내 두 눈을 가득 채우는 설산의 모습에, 전에 없이 심장이 쿵쾅거리기 시작한 거다. 우쉬굴리로 향하는 방향이었다. 숙소가 바로 코앞이었고 십삼 킬로의 배낭이 어깨를 짓누르고 있었지만, 나도 모르게 그대로 이십여 분을 걸었다. 어쩔 수 없었다, 이미 마음을 빼앗겨버린 것을. '저곳은 편하게 가면 안 되겠구나. 내 발로 한 걸음 한 걸음 느끼며 천천히 다가가야겠구나'라는 '사서 고생'류의 마음이 스멀스멀 차오르는 것을 주체할 수 없었다. 그렇게 사흘 뒤, 나는 길을 걷기 시

302

작했다. 메스티아부터 우쉬굴리까지, 차로 세 시간 거리를 사흘에 걸쳐서.

도로를 통하지 않고, 말 그대로 산 넘고 물 건너 빙 돌아가는 트레킹 코스가 있었다. 생각보다 유럽인들 사이에서는 유명한 트레킹 코스라고 했다. 사흘을 가야 했지만 중간중간 마을이 있어 텐트는 필요 없었다. 사실 말이 좋아 마을이지, 슈퍼마켓 하나 없이 그저 나무로 지어진 집 몇 채 옹기종기 모여 있는 경우가 대부분이었지만. 아무튼 집이 있다는 것은 사흘 치 식량을 모두 싸들고 다니지 않아도 된다는 뜻이기도 했다. 장기 트레킹에 최적의 조건이었다.

하지만 뻔히 길인 곳을 두고도 엉뚱한 길로 접어들 만큼 길눈이 어두운 나는 늘 그렇듯 반복해서 길을 잃었다. 한번은 아주 뒤늦게야 길이 아닌 곳으로 한참을 왔다는 사실을 깨달았는데, 조금만 더 가면 길로 이어질 것 같다는 괜한 고집 탓에 가시나무로 가득한 가파른 산비탈 한가운데에서 올라가지도 내려가지도 못한 채 전전긍긍했다. 결국 거의 클라이밍을 하는 듯한 느낌으로 수직으로 산을 올랐는데, 그때 생긴 온몸 곳곳의 흉터는 아직도 선명히 남아 있다.

한번은 강을 만났다. 폭은 좁았지만, 빙하가 녹아 흐르는 아주 차가운 빙하수였다. 골반에서 허리 정도 오는 깊이에 물살은 또 어찌나 센지, 도무지 158센티미터의 내가 건널 수 있는 강이 아니었다. 둘러보니 뒤편에 말 몇 마리와 현지인들이 있었다. 15라리를 내면 말을 타고 건너게 해준단다. 15라리면…… 음, 7천 원? 잠깐만, 조지아에서 몇 시간 버스를 타고 달려도 10라리면 가는데, 이 길이 15라리라고? 나는 말도 안 된다는 듯 고개를 내저었다가, 잠시 상황을 파악한 후 협상을 시도했다.

"10라리는 어때……?"

그러자 그들은 아쉬울 게 전혀 없다는 듯, "이제 집에 갈 거야. 15라리에 안 갈 거면 우리는 갈게"라며 말을 챙기기 시작했다.

잠깐만, 진짜 가는 거야? 나의 흥정 역사상 가장 쿨한 그들에 태도에 당황해서 어버버 하는 사이 그들은 정말 떠나버렸다. 이젠 정말 방법이 없었다. 하지만 한편으로는 '그래도 사람들이 꽤 다니는 곳인데 돌다리 하나 없겠어?'라는 생각이

있었다. 결론부터 말하겠다. 혹 누군가 이 글을 본 후 나와 같은 길을 갈 예정이라면, 꼭 말을 탈 것을 추천한다. 돌다리 같은 건 없었고, 이후의 고생을 생각하면 15라리는 결코 비싼 금액이 아니었다.

우선 직접 다리를 만들어보려고 커다란 바위를 낑낑대며 옮기고 던지기를 한참 반복했다. 그러다 깨달았다. 아, 이건 불가능하구나! 그다음엔 그나마 강폭이 좁은 곳을 찾으려 강줄기를 거슬러 올라갔다가 내려가기를 반복했다. 배낭을 멘 채 무성하게 자란 나무 사이를 통과하고, 빙하를 건넜다. 가파른 비탈을 오르내리고, 몇 번 넘어지기를 반복했다. 이게 무슨 사서 고생이란 말인가.

하지만 분명한 건 길은 참으로 아름다웠다는 것이다. 메스티아부터 우쉬굴리까지, 내가 걷던 6월의 그 길 위에는 온갖 들꽃이 가득했다. 나는 들꽃 사이에 앉아 바나나, 초코바, 삶은 달걀 등을 까먹으며 향기를 가득 느끼는 일이 좋았다. 끝없이 펼쳐진 들꽃을 가만히 바라보노라면, 내가 바라는 삶의 모양과 닮아 있다는 생각이 들었다.

나의 이십대는 꼭 들꽃 같기를 바랐던 적이 있었다. 그리 화려하지 않아 대부분이 스쳐 지나갈지라도 누구 하나쯤은 쪼그리고 앉아 향기 맡아줄 만한, 그것이 그이에게 위로가 될 만한, 그런 들꽃 같은 사람이기를. 그리고 들꽃 같은 사람으로 기억되기를. 눈에 보이지 않는 순간에도 어딘가에서 은은한 향기 풍기며 살아가고 있으리라, 잠시 떠올리며 미소 지을 수 있는, 그런 사람이기를.

내가 가본 트레킹 코스 중 산봉우리가 가장 아름다운 곳이 피츠로이라면, 길이 가장 아름다운 곳은 단연 이번 코스였다. 쉬운 길을 포기했을 때에는 어떤 방식으로든 아쉬움이 생길 수밖에 없지만, 그와 반대로 얻어지는 것도 분명 있다고 믿는다. 그리고 그게 바로 이 아름다움이었다. 먼지가 휘날리는 도로로 차를 타고 편히 갔다면 평생 만나보지 못했을 길이었다. 온몸에 가득한 흉터도 추억이라 부를 수 있게 해주는 아름다운 길 말이다.

다달이 들어오는 월급 통장을 포기하고 아쉬운 적이 없었다면 거짓말이다. 귀국 후 얼마 지나지 않아 치러진 오빠의 결혼식에 목돈 한 뭉치 떡하니 내놓을 수 있는 멋진 동생이고 싶었는데, 어떻게 긁어모아도 충당이 안 되자 자꾸만 작아지는 스스로가 원망스러웠다. 여전히 회사를 잘 다니고 있

04 한순간도 여행자가 아닌 날은 없었다

309

는 친구들과의 저녁 식사 후에도 마찬가지였다. 누군가는 진급을 하고, 연봉이 오르고, 그렇게 각자의 커리어를 쌓아가는 시기였기에. 너무 현실 감각 없는 것 아니냐는 누군가의 악플이 사실일지도 모르겠다는 자괴감에 빠져들던 날도 있었다.

하지만 그로 인해 나는 완전한 자유를 얻었다. 클라이언트에게 돈을 받는 입장일 때 난 여전히 을이지만, 아무리 대단한 광고주라도 '원치 않는다'고 떳떳하게 말할 자유가 생겼다. 생각해 보면 내가 삶에서 가장 중요하게 여기는 가치는 언제나 자유였다. 자유가 과하게 박탈된다고 느끼는 순간, 아무리 뜨겁던 마음도 금세 식어버리곤 했다. 어떤 것에도 얽매이지 않는 혼자만의 여행을 좋아하게 된 것도 그 이유에서다.

물론 많은 이들이 그렇듯 나 역시 예전에는 학생이란 신분 때문에, 또 어른이 되고 졸업을 하면서부터는 마냥 자유로운 삶이 어디 있겠냐며 나의 자유를 너무도 당연하게 포기해 버렸다. 그리고 지금, 나의 가장 소중했던 그 가치를 결국 돌고 돌아 지키게 되었다는 생각에 나는 더할 나위 없이 뿌듯해졌다.

가시덤불에 긁히고, 벌레에 뜯겨 상처투성이가 된
팔과 다리는 못 봐줄 꼴이었지만,
툭하면 말썽인 무릎이 탈이 난 것은 더 말할 것도 없지만,
나는 가장 아름다운 길을 만났다.
쉬운 길을 포기하고 얻은 대가로
그거면 충분했다.

#36
카즈베크,
다시 한 번 정상에 오르다

"왜냐고? 글쎄…… 사랑에 빠졌다고 해야 하나? 사랑하면 눈에 담고 싶고, 그러다 보면 더 가까이 가고 싶고, 피부에 직접 닿고 싶고. 원래 그런 거 아냐?"

프로메테우스는 인간을 몹시 사랑했다. 그래서 금지되어 있는 불을 훔쳐다 인간에게 주었다. 그 사실을 알게 된 제우스는 그를 산꼭대기에 묶어, 매일

같이 독수리가 간을 쪼아 먹는 고통스러운 형벌을 내렸다. 그리고 그 간은 매일 새롭게 자라나, 그는 무려 3천 년 동안이나 그 고통을 받아야 했다. 인간에 대한 사랑의 대가로 말이다.

　프로메테우스가 갇혀 있던 산의 이름은 캅카스. 그리고 캅카스산맥에 맞닿아 있는 마을 카즈베기Kazbegi에 도착했다. 마을에서는 캅카스산맥의 가장 높고 아름다운 봉우리, 카즈베크Kazbek를 올려다볼 수 있었는데, 그 만년설의 자태는 멋있다거나 아름답다는 말로는 부족했다. 마을을 보호하고 있는 어머니 같기도 하고, 또 한편으로는 성스러운 예술 작품 같았다. 프로메테우스가 그곳에서 죽도록 고통받으면서도 여전히 인간을 사랑했기 때문일까. 몇 분만 그 산을 바라보고 있노라면 누구라도 사랑에 빠질 수밖에 없을 것이다. 나 역시 그러했다. 아침에 눈을 떴을 때, 밥을 먹으러 갈 때, 산책을 할 때…… 언제든 어김없이 시선을 빼앗아가는 그 자태에 나는 아무도 모르게 중얼거리곤 했다.

　"닿고 싶다……."

　이곳에는 주타, 트루소 밸리, 사메바 성당 트레킹이라는 가장 대표적이고 대중적인 난이도의 트레킹 코스가 있었지만, 어쩐지 그렇게 먼발치에서 올려다보는 것으로는 성에 차지 않았다. 나는 닿고 싶었다. 저 우뚝 솟아 있는 새하얀 봉우리에 내 발자국을 가득 새기고 싶었다.

이미 한국에서도 한 차례 카즈베크 정상 등반에 대해 알아본 적이 있었다. 하지만 어떤 루트로 질문을 남겨도 내가 원했던 각종 방법에 대한 답변이 아닌, '전문가가 아니라면 절대 추천하지 않는다'라는 답변의 연속이었다. 결국 나는 '알겠다'고 답할 수밖에 없었다. 하지만 나는 이미 경험을 통해 잘 알고 있었다. 현지 분위기는 또 다를 수 있다는 것을. 그리고 '당신에겐 어렵다'는 말을 들을수록 가고 싶은 열망이 더 거세어지는 나의 뻐딱한 마음에 대해서도 말이다.

마을에 도착한 후, 그 마음은 확신으로 굳어졌다. 프로메테우스가 벌을 받을 것을 알면서도 사랑하는 마음에 불을 건넸듯, 위험하다던 코멘트는 모두 까마득히 잊어버렸다. 우선 정상 등반 당일 크레바스의 위험으로부터 막아줄 길을 잘 아는 가이드를 구했다. 마을에서 출발하는 날부터 돌아오는 날까지 나흘 동안 함께할 가이드를 구할 수도 있었지만, 그러기엔 비용 부담이 너무 컸다. 그리고 헬멧, 빙벽화, 피켈 등 각종 전문 장비를 빌렸다. 걱정했던 시간이 무색하게 모든 것이 순조로웠다. 여기에 메스티아에서 만났던 이가 등반에 합류하기로 했다.

모든 준비를 마친 후 숙소를 관리하는 친구를 만났다. 그 친구에게 이전에 이미 카즈베크 등반 난이도에 대해 물어봤었고, 그는 "할 수 있어!"라고 말해줬던 터다. 그의 말은 내가 용기를 갖고 준비하는 데 큰 도움이 됐었는데, 그가 흔들리는 동공으로 이제 와서 하는 말은……

"잠깐, 트레킹이 아니라 정상 등반을 말한 거였어? 등반? 저 눈 위에? 잠깐만! 그건 힘들 텐데……"
"뭐라고……? 하하, 이미 늦었어. 준비는 끝났거든."

그렇게 맞이한 등반 첫째 날, 카즈베기 마을에서 산 중턱의 베이스캠프까지는 도보로 여덟 시간 정도 걸렸다. 후반부의 빙하 구간을 제외하면 길 자체는 그렇게 험하지 않았지만, 나흘 치 식량과 각종 등반 장비를 한가득 짊어지고 가는 일이 쉽지는 않았다. 하지만 저 멀리서 우러러보기만 하던 카즈베크의 만년설이 눈앞에 모습을 드러내자, 나는 "오길 잘했어"라고 끊임없이 중얼거렸다.

그렇게 도착한 베이스캠프(메테오 스테이션)의 낡은 산장은 생각보다 훨씬 아늑했다. 해발 고도 3,670미터에 위치해 있어 마을에 비해 몹시 추운 데다 바깥에는 칼바람이 불었지만, 삐그덕거리는 문을 열고 들어가 침낭 안에 몸을 누이고 있노라면 모든 것이 사르르 녹아내렸다. 얼었던 몸도, 디데이를 앞둔 떨리는 마음까지도. 이곳에서는 가스, 식량 등 모든 것을 자신이 가져온 것만 사용할 수 있었다. 그나마 산장 밖으로 조금 걸어가면 빙하수가 졸졸 흐르는 곳이 있어 다행이었다. 그것이 이곳에서 구할 수 있는 유일한 물이었다. 다만 빙하수라고 하면 맑고 투명한 물이 연상되는 것과 달리, 이곳의 빙하수에는 흙모래가 같이 섞여 있었다. 처음에는 그것을 끓여 먹곤 했는데, 나중에는 그조차 사치였다. 그 한 모금이 어찌나 맛있었는지 모른다. 물론 손이라도 한번 적시면 온몸이 덜덜 떨릴 정도였지만.

둘째 날은 고소 적응훈련을 하는 날이었다. 한번에 고도를 심하게 높이면 고산병이 올 수 있기 때문에 ─ 우아이나 포토시에서 고산병에 시달렸던 경험 탓에 더 예민할 수밖에 없었다 ─ 캠프보다 400미터 높은 곳에 위치해 있는 화이트 처치에 다녀온 후 장비 체크를 하기로 했다. 그런데 아침에 눈을

뜨는 순간부터 불길한 느낌이 들었다. 그도 그럴 것이, 창밖
에서 들려오는 천둥소리에 눈을 뜬 것이다. 불행인지 다행인
지 천둥은 아니었지만, 그렇게 착각할 만큼 극심한 바람이 불
고 있었다. 가이드는 바람이 워낙 거세서 지금 화이트 처치에
올라갔다가는 내가 날아가 버릴 거라고 말했다. 몸무게까지
물어보며 꽤나 진지한 표정을 짓는 것을 보니, 평소 과장해서

표현하는 '바람에 날아간다'는 말이 이곳에서는 실제로 가능한 일인 듯했다.

마음을 조급히 먹지 않으려 애썼다. 하지만 컨디션이 너무도 완벽했기에, 그리고 창밖으로 보이는 설산은 카즈베기 마을에서 보던 것과는 비교도 할 수 없을 만큼 웅장했기에, 어쩔 수 없이 속이 상했다. 여기까지 와서 가만히 산장에 박혀 아무것도 하지 않고 보내는 반나절은 내게 너무도 길었다. 그리고 문제는 내일이었다. 이대로 고소 적응훈련을 하지 못해 또다시 고산병을 겪게 될 것이 두려웠고, 그보다 출발조차 할 수 없을까 봐 더욱 겁이 났다. 가이드는 내일도 이런 날씨라면 출발도 못 하고 포기해야 한다고 말했다. 산을 오르는 것은 내 몸과 마음의 상태가 완벽하다고 해서 가능한 것이 아니라, 산이 나를 허락해 주어야 비로소 가능하다는 사실을 새삼 실감했다. 내가 할 수 있는 것은 산이 나를 허락하기를 잠자코 기다리는 일밖에 없었다.

나중에는 마음을 조금 비우고 늦은 점심을 먹었다. 가스불을 피워 물을 끓이고, 쌀을 넣어 십오 분 남짓 끓인 다음 팀원이 가져온 카레 가루를 넣어 카레 죽을 만들었다. 거기에 끓인 물에 설탕만 넣은 슈거 티(어쩐지 설탕물보다는 슈거 티가 '있어 보여서' 이렇게 부르곤 했다)를 곁들였는데, 속상했던 마음이 모두 녹아내리는 맛이었다.

다행히 오후 네 시쯤 바람이 잠시 멎었다. 팀원과 나는 곧바로 장비를 챙겨 화이트 처치에 올랐다. 그리고 화이트 처치의 종을 몇 차례 울리며 내일 무사하게 해달라고 빌었다(성공하게 해달라고가 아니라 무사하게 해달라고 빌다니, 두렵긴 두려웠나 보다). 내려온 후에는 가이드와 함께 장비를 체크하고, 장비 사용법에 대한 훈련을 간단히 마쳤다. 산장에 돌아와서 저녁을 먹으니 시계는 밤 여덟 시를 가리키고 있었다. 급히 배낭 패킹을 마치고 자리에 누운 시간은 아홉 시. 다음 날, 새벽 한 시에 일어나 늦어도 두 시에는 출발해야 했기에 잘 시간이 얼마 없었다. 하지만 우아이나 포토시 등반 때 그러했듯 도무지 잠이 오지 않는다. 그때처럼 또 밤을 새우고 최악의 컨디션으로 출발하게 될까 불안해졌지만, 이내 마음을 비워버렸다.

"그래, 뭐…… 잠이 올 거라고 기대도 안 했어. 잠은 됐고, 가만히 누워서 편히 쉬다 출발하자."

아예 마음을 그렇게 먹자 온몸에 잔뜩 들어가 있던 힘이 조금씩 풀리는 듯한 느낌이 들었다. 그러다 언제인지 모르게 스르르 잠이 들었다.

새벽 한 시. 눈을 뜨는 순간부터 어쩐지 비장했다. 쉴 새 없이 떠들어대던 전날과 달리 팀원과 나는 말이 없었다. 오늘 등반에 도전하는 이들 모두가 헤드랜턴을 켠 채 어두운 산장 안을 분주히 움직이고 있었다. 그사이 나는 라면 두 개를 삶고, 먹히지 않는 그것을 국물까지 꾸역꾸역 다 먹어냈다. 그리고 배낭을 멘 채 밖으로 나섰다.

눈가를 스치는 공기가 차가웠다. 후- 숨을 크게 내쉬자 입김이 나온다. 고개를 드니 깜깜한 밤하늘에 별이 가득했다. 그렇게 수많은 별빛 아래에서 우리의 등반이 시작되었다.

걱정한 것에 비해 등반은 꽤 순조로웠다. 날씨가 좋았고, 컨디션도 그런대로 괜찮았다. 가이드가 다른 팀보다 두세 배 빠른 속도를 고집하는 것 외에는 큰 무리가 없었다. 다만 길은 듣던 대로 많이 험했다. 수많은 크레바스를 건너뛰어야 했고, 진흙으로 뒤덮인 얇은 얼음이 깨질 때면 빙하수 안으로 발이 푹푹 빠져 들어갔다. 낙석 위험지대를 지날 땐 돌이 요란한 소리를 내며 떨어질 때마다 숨을 죽이고 멈춰야 했다. 하지만 그런대로 무난하게 약 네 시간을 올랐다. 해가 뜨고 있었고, 그 빛을 받아 산봉우리가 노오랗게 물들었다. 그런데 문제는 뜬금없는 곳에서 발생했다.

"나는 이 시간까지 저곳(조금 앞의 언덕을 가리키며)에 도착하지 않으면 더 이상 오르지 않아. 우리는 여기에서 포기하고, 돌아갈 거야."

중간에 어떤 경고도 없이 갑자기 훅 들어온 포기 선언이었다. 팀원과 나는 너무 당황스러웠다. 누구 하나 처지는 이 없이 잘 오르고 있던 중이었다. 정상이 멀지 않아 성공을 확신하고 있던 차였다. 해가 뜨면 이런 지형에서는 길이 위험해진다는 것을 잘 알고 있었지만 우리는 선두 팀이었고, 한참 뒤에서 저마다 다른 국기를 매단 채 수십 명이 계속해서 올라오고 있었다. 우리 뒤의 그 어느 팀도 포기하고 내려갈 기색이 없었다. 날씨도 완벽했고, 컨디션도 최상이고 어느 하나 문제될 것이 없었는데, 여기서 내려간단다. 우리는 갑작스럽게 포기를 종용하는 그가 이해되지 않았다.

"갑자기 이렇게 포기할 거였다면 중간에 더 빨리 가자고 하든지, 아니면 우리가 포기하게 될 수도 있다는 언질이라도 줬어야지."

"지금 당신이 말한 지점까지 오른 팀은 아무도 없어. 모두 우리 뒤에서 올라오고 있지만, 봐. 아무도 포기하지 않는데 왜 우리만 내려가야 하는지 납득할 수가 없어."

우리가 한창 실랑이하는 사이에 몇몇 팀이 우리를 지나쳐 올라갔다. 하지만 그가 마음을 바꿀 기미는 보이지 않았다. 가이드 성향에 따라 조금 환경이 어려워도 끝까지 정상을 올라가도록 돕는 경우가 있고, 쉽게 포기를 종용하는 경우가 있다고 들었는데 그는 후자였다. 하지만 나는 가이드의 말을 따라야 하는 초보 클라이머였다. 내가 할 수 있는 건 그저 "Please~"를 남발하며 이 등반에 대한 간절함을 토로하는 한편으로 그를 어르고 달래는 일뿐이었다. 그렇게 꽤 많은 시간을 지체해 가며 한참 동안 그를 설득한 끝에 우리는 다시 정상을 향해 발걸음을 옮길 수 있었다. 하지만 그는 마치 조금이라도 더 빨리 내려가고 싶은 듯 사사건건 트집을 잡기 시작했다.

04 한순간도 여행자가 아닌 날은 없었다

앞 팀의 휴식으로 잠시 멈춘 사이, 숨을 고르고 있는 팀원에게 "너 지금 힘들어하고 있잖아. 그러니까 우리 팀은 내려갈 거야"라고 또다시 포기를 선언한다. 참고로 상황이 위험해 보일 때 가이드가 포기를 선언한다면 따르는 것이 맞겠지만, 당시 팀원과 나 모두 고산병에 헉헉대기는커녕 운동량 대비 최고의 컨디션이었다. 거기서 또 한 번의 설득. 그러자 "네 숨소리가 한 번만이라도 내게 들리면 그땐 가차 없이 내려갈 거야"란다. 그것도 협박조로.

그 이후로도 포기를 유도하기 위한 그의 재촉은 계속됐다. 다른 팀이 앞에 있는 꼴은 볼 수 없다는 듯 엄청난 속도로 기어이 그 팀들을 모두 추월했고, 그 과정에서 조금만 발이 느려져도 멈춰 서고는 그럴 거면 포기하라고 말했다. 그것도 꽤나 무시하는 말투로. 우리의 인내심에도 슬슬 한계가 왔다. 자꾸 포기를 거론하는 그를 설득하느라 몸보다 정신이 더 힘들었다. 화가 났다. 하지만 화를 내는 대신 입술을 더욱 꽉 깨물었다. 그의 속도를 따라잡는 것은 내게 너무 어려운 일이었고, 억지로 따라가다 보니 심장이 터질 것 같았지만, 입술 안쪽에서 피 맛이 나도록 꾹 참고 숨소리조차 참아냈다. 남은 거리를 올려다보거나 내가 온 곳을 내려다보는 일은 나를 더 힘들게 만들 뿐이었기에, 그저 내 발만 내려다보며 우아이나 포토시 등반 때 터득했던 주문 "딱 열 걸음만 더 걷고 포기해 야지"를 마음속으로 끊임없이 되뇌었다.

그렇게 몇 시간. 죽을 것 같던 시간에도 끝은 찾아왔다. 정상이었다. 순간 악에 받쳐 응축되어 있던 모든 것이 사르르 녹아내리는 느낌이 들었다. 때마침 휘이- 불어오는 바람에 분노의 감정은 모조리 날아가 버렸다. 그토록 미웠던 가이드가 한마디를 건넸다.

"Good job!"

순간 가슴속에서 무언가 뜨거운 것이 울컥하더니, 금세 고글 안으로 가득 쏟아져 내렸다. 한번 터진 눈물은 쉬이 멈출 줄 몰랐다. 한국에서 등반 정보를 찾아볼 때부터 전날의 훈련, 그리고 오늘까지 '포기'라는 말을 유난히 많이 들어야 했던 산행이었다. 포기, 포기, 포기……. 카즈베기에 도착한 후 매일같이 우러러봤던 그 새하얀 만년설 정상을 밟고 선 채, 나는 한참을 울었다. 눈을 머금은 수많은 봉우리가 몹시도 비현실적으로 펼쳐져 있었다. 그 풍경이, 서글펐고 또 감사했다. 나는 눈물을 닦지도 못한 채 고마워요, 고마워요, 되뇌었다.

사람은 포기라는 이름에 가까워질수록 겸손해진다. 때로는 성공보다 실패에서 더 많은 것을 배울 수 있다는 말도 그 때문일 것이다. 수많은 포기를 스쳐왔던 오늘, 나는 뼈저리게 느낄 수 있었다. 이 정상은 결코 내가 잘나서 오를 수 있었던 것이 아님을. 내 말을 잘못 들었기 때문이었지만 아무튼 할 수 있다고 말해준 숙소 관리자가 있었고, 고독의 무게를 거둬준 팀원이 있었고, 수없이 포기를 종용했지만 결국 위험에 빠지지 않게 도와준 가이드가 있었다. 전날 가장 걱정했던 점이지만 전에 없이 좋았던 날씨의 영향이 컸고, 힘들어 보이는 얼굴에도 전혀 포기할 기색을 비치지 않던 내 뒤의 수많은 원정대가 있었다. 그중 하나만 없어도 나는 결코 이 광경을 눈에 담을 수 없었을 것이다.

생각해 보면 그간의 여행길이 비교적 평탄했던 건 내가 잘나서도, 내가 특별히 조심했기 때문도 아니었다. 그저 그곳이, 그리고 그곳에 있던 무수한 존재들이 나를 허락해 준 덕분이었다. 그 덕에 위험에 빠지지 않았고, 그 덕에 길을 찾았고, 그 덕에 오늘까지 여행을 계속할 수 있었다. 언젠가 동행했던 이의 장난인지 진심인지 모를 "내가 아니었다면 넌 못 갔을 거야"라는 말에 욱했던 적이 있다. 그가 나의 노력을 부정하고,

334

내 능력을 무시한다고 생각했다.

하지만 이제는 그 말이 어느 정도는 사실이었다는 걸, 대체로 혼자 걸어왔기에 모든 것이 내 힘이었다고, 그래서 나는 뭐든 혼자서도 해낼 수 있다고 자부했던 것이 사실은 조금 틀렸다는 걸 알 것도 같다. 어느 하나 오로지 나의 힘만으로 걸을 수 있던 길은 없었다.

그래서 정상에 선 나는 뿌듯함이 차오르는 대신, 그저 감사했다. 나를 스쳐간 모든 이에게, 그리고 내가 스쳐온 모든 땅에게.

Epilogue

여 행 자 의   엔 딩 신 ending scene

마치 뻔한 동화의 엔딩처럼?

퇴사를 결정하고, 여행을 결심하던 그날 밤의 내가 여전히 생생하다. 현실적으로 일어날, 머지않아 대면할 수밖에 없는 문제들이 마트 계산대에서 영수증에 찍혀 나오듯, 찰칵-찰칵-끊임없이 리스트업 되고 있었다. 걱정 리스트가 나열된 그 불안의 영수증은 내 키를 훨씬 넘어서고 있었다. 모든 일이 저질러진 이후에 대해 두려움이 차오르기 시작한 것이다.

나는 "후회하지 않을 거예요"라고 말해주는 글을 닥치는 대로 찾기 시작했다. 검색어는 '퇴사 후 후회', '세계여행 이후', 심지어는 '퇴사 후 후회하지 않'…… 찌질하기도 하여라. 요즘 말로 답정너(답은 정해져 있으니 너는 대답만 해)가 따로 없었다. 그렇게 나는 우연히 발견한 누군가의 후회 가득한 말에 탄식을 내뱉다가, 또 다른 누군가의 후회 없다는 말에 고개를 끄덕이곤 했다.

그 후로 셀 수 없는 밤들이 지났다. 그리고 마침내 나의 첫 동화에도 엔딩이 찾아왔다. 내가 그토록 궁금해하던 여행의 엔딩 신 말이다. 과연 '여행이 끝난 후, 그녀는 오래오래 행복하게 살았습니다' 따위의 뻔한 결말이었을까?

결론부터 말하면, 나는 '첫 번째 불안'의 시나리오대로 빈털터리가 됐다. 전 재산을 들고 시작한 여행이 남미에서 통장에 마이너스를 찍고 말았으니 당연한 일 아닌가. 더욱이 잘 다니던 회사를 때려치우고 훌쩍 떠났다가, 이제는 방에 들어앉아 컴퓨터만 들여다보고 있는 돈 없는 백수 딸로 지내려니 뒤통수가 여간 따가운 것이 아니었다. 현실로 돌아온 내 어깨에 놓인 짐은 13킬로 남짓하던 여행 배낭보다 조금 더 무거웠다.

아끼던 지갑과 태블릿을 팔았다. 13킬로그램으로 수개월을 살며, 이미 내 삶에 꼭 필요한 것과 그렇지 않은 것을 구분할 줄 알게 된 터였다. 그 외에 오랜 손때 묻은 것들도 덩달아 하나씩 팔기 시작하면서 중고나라를 들락거리는 시간이 점점 많아지기 시작했다. 그렇게 한 푼 두 푼 쌓아 찾은 곳이 고시원이었다. 햇빛 한 줄기 들어올 창문조차 없는 두 평 남짓한 작은 방. 화장실은 당연히 공용이었고, 여성 전용 고시원은 10만 원이 더 비싼 탓에 꿈도 꿀 수 없었다. 그것이 내 엔딩이었다.

고시원 쪽방에서 다시 시작된 여행

이쯤 되면 당신의 여행을 말리는 후회 어린 글인가 싶을 수도 있겠다. 여행을 떠나기 전, 내가 그리도 발견하고 싶지 않던 글처럼 말이다. 이후의 내가 여행을 후회했을까? 내가 나열한 상황이 마냥 우울하고 절망스러웠을까? 너무나도 다행히 나는 "노!"라고 말할 수 있다. 그 작은 방 안에서 나는 꽤 많은 시간을 웃었다. 매일같이 행복했다면 거짓말이지만 하루하루 눈을 감고 뜨는 일이 즐거웠다. 그곳은 내게 모험 가득한 새로운 여행지나 다름없었으니까.

그 두 평짜리 공간은 나의 바다였다. 그 안에는 나의 커다란 고래가 매일같이 춤을 추고 있었다. 평생 여행하며 사는 삶. 당장 손에 잡히는 것은 없었지만, 마치 다합의 바다 깊은 곳에서 반짝이는 햇빛 한 줄기에 평온해했듯, 나는 웃고 있었다. 내게 가능하리라 상상조차 할 수 없던 자유로운 삶을 향해 말이다. 그리고 무언가가 내 손에 잡히기 시작하는 데에는 그리 오랜 기다림이 필요하지 않았다. 내게는 이 꿈을 키워나가는 순간이 나의 세계일주보다 더 비현실적인 여행이었다.

결국 여행이 가져다준 건 드라마틱하고 버라이어티한 무언가가 아닌, 그저 '새로운 시작'이었다. 그 후는 오롯이 나의 몫이었다. 그러니 당신은 누군가의 엔딩에 두려워할 필요도, 안도할 이유도 없다. 일 년 전 걱정 리스트를 붙들고 밤을 뒤척이던 그 찌질한 여자애처럼 말이다. 그저 소소하게 찬란했던 모든 순간들을 가슴에 안고 오늘 한 걸음 더 내디딜 뿐. 볼리비아의, 조지아의 산 정상에서 내려오는 일이 그러했던 것처럼, 삶이라는 동화의 엔딩 신은 또 다른 시작이다.

시베리아 횡단열차 안에서
여행자MAY

여행자MAY의 퇴사 후 세계일주

때때로
괜찮지 않았지만,

그래도
괜찮았어

초판 1쇄 발행 · 2018년 8월 24일
초판 8쇄 발행 · 2020년 7월 10일

지은이 · 여행자MAY
발행인 · 한동숙
편집주간 · 류미정
디자인 · 롬디
마케팅 · 권순민
공급처 · 신화종합물류

발행처 · 더시드 컴퍼니
출판등록 · 2013년 1월 4일 제 2013-000003호
주소 · 서울 강서구 화곡로 68길 36 에이스에이존 11층 1112호
전화 · 02-2691-3111   팩스 · 02-2694-1205
전자우편 · seedcoms@hanmail.net

ⓒ 여행자MAY, 2018

ISBN 978-89-98965-16-7 13980